MINYONG JIANZHU GOUZAO

民用建筑构造

编　著　唐海艳　李　奇　杨龙龙
　　　　张志伟　朱美蓉　欧明英
主　审　李平诗

U0190839

重庆大学出版社

内容提要

本书包括 10 章:(1)综述;(2)民用建筑构造概述;(3)地基、基础与地下室构造;(4)墙体构造;(5)楼板层与地坪层构造;(6)楼梯、电梯与自动扶梯构造;(7)屋顶与屋面构造;(8)门窗构造;(9)特殊构造;(10)场地配套设施构造。其中,特殊构造部分系统介绍了建筑的变形缝体系、建筑的保温隔热和防水防潮、建筑隔声与吸声,以及当今较多涉及的电磁屏蔽等构造问题;场地配套设施构造弥补了以往相关教材在此内容上的空白,使建筑工程的构造问题得到全面介绍和系统阐述。

本书既可作为应用型本科学校及高职高专建筑学、建筑装饰专业的教材,也可作为土木工程、工程管理、给水排水工程、供热通风与空调等专业的教学参考书,也可供从事相关专业的设计和施工技术人员参考。

图书在版编目(CIP)数据

民用建筑构造/唐海艳,李奇,杨龙龙等编著.—重庆:重
庆大学出版社,2016.7(2020.8 重印)
高等教育土建类专业规划教材.应用技术型
ISBN 978-7-5624-9785-1

Ⅰ.①民… Ⅱ.①唐… ②李… ③杨… Ⅲ.①民用建筑—建
筑构造—高等学校—教材 Ⅳ.①TU22

中国版本图书馆 CIP 数据核字(2016)第 099369 号

高等教育土建类专业规划教材·应用技术型
民用建筑构造
编 著 唐海艳 李 奇 杨龙龙
张志伟 朱美蓉 欧明英
主 审 李平涛
责任编辑:王 婷 钟祖才 版式设计:王 婷
责任校对:邹 忌 责任印制:赵 晟

*

重庆大学出版社出版发行
出版人:饶帮华
社址:重庆市沙坪坝区大学城西路 21 号
邮编:401331
电话:(023)88617190 88617185(中小学)
传真:(023)88617186 88617166
网址:http://www.cqup.com.cn
邮箱:fxk@ cqup.com.cn(营销中心)
全国新华书店经销
重庆升光电力印务有限公司印刷

*

开本:787mm×1092mm 1/16 印张:15.75 字数:393 千
2016 年 7 月第 1 版 2020 年 8 月第 2 次印刷
印数:2 001—5 000
ISBN 978-7-5624-9785-1 定价:32.00 元

前　言

　　本教材的编写,侧重一般民用建筑构造原理的阐述和对成熟的建造技术的介绍。本教材有以下特点:

　　1. 理论结合实际,采用了大量构造做法实例。

　　2. 涉及面较宽,既包括了对建筑构造的介绍,对场地主要配套设施构造的介绍,同时注意对有关节能、吸声等特殊构造的介绍。

　　3. 内容较新,以介绍目前大量采用的建造技术以及新材料和新工艺为主。

　　4. 突出了实用性、针对性和可行性。

　　5. 着重介绍国家及行业的有关标准,以及各种标准设计图的利用。

　　本教材适合建筑学、环艺设计等专业应用型人才培养的教学,主要目标是提高建筑施工图设计的能力,提高建筑技术方面的修养。

　　本教材的教学内容分为了解、熟悉和掌握 3 个层次,即让读者了解传统的和最新的材料与技术,熟悉民用建筑构造原理,掌握大量运用的技术参数、建筑构造设计和成熟的建造技术。本教材适用于建筑学相关专业专科和本科层次的、授课为 3~4 个学分的教学需要。

　　二、参加编写人员

　　编著:唐海艳　李　奇　杨龙龙

　　　　　张志伟　朱美蓉　欧明英

　　主审:李平诗

　　三、各章的主要编写人员分工如下:

　　第 1 章　唐海艳

　　第 2 章　唐海艳

　　第 3 章　朱美蓉

　　第 4 章　朱美蓉

第5章　杨龙龙

第6章　杨龙龙

第7章　李奇

第8章　张志伟

第9章　李奇

第10章　李奇

各章作业及答案　唐海艳　李奇

部分图片资料　欧明英　廖晓文

编　者
2016 年 4 月

目　录

1　综述 ·· 1

   1.1　建筑及其主要属性 ··· 1

   1.2　建筑工业化 ··· 2

   1.3　建筑模数协调统一标准 ··· 3

   1.4　有关规范、标准和规定 ··· 5

   1.5　标准设计 ··· 6

   1.6　我国的建筑方针 ··· 7

2　建筑构造概述 ·· 8

   2.1　建筑物组成 ··· 8

   2.2　建筑构造与工艺和工序 ··· 10

   2.3　材料和构件的安装连接固定方法 ··· 12

   2.4　强度、刚度、稳定性、挠度 ··· 14

   2.5　构件尺寸 ··· 16

   2.6　相关标准 ··· 17

   复习思考题 ··· 17

3　地基基础和地下室 ·· 18

   3.1　地基与基础 ··· 18

   3.2　地下室 ··· 25

4 墙体构造 ……………………………………………………………… 30

4.1 建筑墙体 ……………………………………………………… 30

4.2 幕墙构造 ……………………………………………………… 41

4.3 隔墙构造 ……………………………………………………… 45

4.4 墙面装修 ……………………………………………………… 47

4.5 其他板材饰面构造 …………………………………………… 62

复习思考题 ……………………………………………………… 64

5 楼地面构造 …………………………………………………………… 65

5.1 概述 …………………………………………………………… 65

5.2 楼板构造 ……………………………………………………… 68

5.3 楼地面构造 …………………………………………………… 73

复习思考题 ……………………………………………………… 101

6 楼梯与电梯 …………………………………………………………… 102

6.1 概述 …………………………………………………………… 102

6.2 楼梯类型 ……………………………………………………… 103

6.3 楼梯的组成与尺度 …………………………………………… 108

6.4 楼梯细部构造 ………………………………………………… 112

6.5 钢筋混凝土楼梯构造 ………………………………………… 115

6.6 台阶与坡道 …………………………………………………… 121

6.7 电梯 …………………………………………………………… 125

6.8 自动扶梯 ……………………………………………………… 130

复习思考题 ……………………………………………………… 131

7 屋顶及屋面构造 ……………………………………………………… 132

7.1 屋顶类型 ……………………………………………………… 132

7.2 屋面排水 ……………………………………………………… 136

7.3 卷材及涂膜防水屋面构造 …………………………………… 138

7.4 其他屋面 ……………………………………………………… 144

7.5 瓦屋面 ………………………………………………………… 147

7.6 金属屋面 ……………………………………………………… 151

7.7 玻璃采光顶 …………………………………………………… 154

7.8 屋顶其他构造 ………………………………………………… 162

复习思考题 ……………………………………………………… 165

8 门窗构造 ……………………………………………………………… 166

8.1 门窗的类型与尺度 …………………………………………… 166

8.2 门窗物理性能 ………………………………………………… 173

8.3　门窗构造 ·· 174

8.4　金属门窗 ·· 180

8.5　塑料门窗 ·· 184

8.6　其他门窗 ·· 187

8.7　门窗节能设计 ·· 188

复习思考题 ·· 190

9　特殊构造 ·· 191

9.1　建筑的变形缝体系 ·· 191

9.2　建筑外围护结构隔热构造 ·· 200

9.3　建筑保温 ·· 204

9.4　建筑物特殊部位防水、防潮 ·· 208

9.5　建筑隔声构造 ·· 210

9.6　管线穿楼层屋面和墙体的构造 ·· 213

9.7　电磁屏蔽 ·· 216

9.8　建筑遮阳 ·· 217

9.9　阳台 ·· 219

9.10　雨篷 ·· 223

复习思考题 ·· 225

10　场地配套设施的构造 ·· 226

10.1　道路与广场构造 ·· 226

10.2　景墙和围墙 ·· 232

10.3　挡土墙、护坡与驳岸、水池 ·· 234

10.4　其他构造 ·· 238

复习思考题 ·· 240

参考文献 ·· 241

1

综　述

1.1　建筑及其主要属性

　　建筑是建筑物和构筑物的统称。旨在为人们的生产、生活等提供室内空间与环境,满足人们的使用需要和精神需求的建造物,称为建筑物,例如教学楼、住宅、商场、办公楼和厂房等,它们具备的空间可供人使用。有的建造物虽然没有空间,但是为满足人们精神需求而建,有艺术风格和文化内涵,甚至可作为城市或国家的标志,因此也属于建筑物,如纪念碑等、佛塔等。

　　建筑的主要属性有建筑功能、建筑艺术、建筑文化、建筑技术、建筑环境和建筑经济,建筑的设计与建造就是围绕解决这些方面的问题而作为的。

1.1.1　建筑的功能性

　　建筑功能是指建筑物的设计和建造应在物质和精神方面满足人的使用要求,这是人们设计和建造建筑的主要目的。建筑的功能性包括满足人体活动的尺度要求,满足人的生理要求,符合使用过程和特点,以及满足精神需求。

1.1.2　建筑的艺术性

　　建筑艺术既是造型艺术也是空间艺术,是人们改造大自然、建设心目中美好家园的设计建造手段及其创造的结果,例如我国极具特色的苏州园林、颐和园,印度的泰姬玛哈尔陵,法国的巴黎圣母院和俄罗斯的伯拉仁内教堂等,都是公认的建筑艺术杰作。建筑的艺术性体现在创造性、唯一性、唯美性和时尚性方面。

1.1.3　建筑的文化性

建筑文化主要体现在建筑的民族性、地域性和传统性方面,是人们的宇宙观、价值追求、生活方式、表达方式、风俗习惯和民族传统等在建筑上的反映。例如中国传统建筑之一的四合院,就融入了中国特有的天人合一、风水、八卦、伦理等文化内涵;紫禁城建筑群,体现了中国封建社会的等级观念;游牧民族的毡包,反映了他们的生活方式等。

1.1.4　建筑的技术性

建筑技术主要是指建筑材料技术、结构技术、施工技术和建筑设备技术,它们为实现建造的目的提供了可行的方法,并确保建筑的牢固和使用安全。

1.1.5　建筑的环境性

建筑环境包括建筑内部和外部环境。建筑从大自然分隔出一个人造的空间,自身也成为自然环境的组成部分,例如悬空寺和石宝寨等,都是先选择环境并让建筑去适应环境,或先改造环境再建造建筑物。建筑既受环境的影响,同时也影响环境。例如,人们发现被长城隔离的同种植物的亚居群间,具有极显著的遗传分化,而大型水库对当地小气候有着明显的影响,也是不争的事实。

各地气候和自然环境的差异,也使得建筑呈现出不同的环境特点(如北方建筑的厚重与南方建筑的轻巧),以及因地制宜的建造特点。不同地方的建筑,构造上也有差异。

1.1.6　建筑的经济性

建造建筑时,需有大量的人力物力投入,如果把握不当,损失不可估量。历史上不乏将大量人力物力投向错误的方向,从而导致严重后果的实例,如金字塔、阿房宫、复活节岛、颐和园、悉尼歌剧院等。能以较小的合理的代价与投入,满足人们对建筑的各种需求,这样的建筑才是成功的。

1.2　建筑工业化

当今建筑的设计和建造,是由许多不同专业的人员按照大量相关标准的要求进行的,由众多产业和厂商共同完成的。参与建筑设计和建造的主要专业技术人员,有注册建筑师、注册结构工程师、注册公用设备工程师、注册造价工程师和注册监理工程师等;与设计和建造有关的标准,有各种设计规范,与室内环境质量有关的标准,与建筑使用安全有关的标准,与构件生产、施工质量有关的标准等。这些标准有助于规范专业人员的工作,提高建筑设计和建造的质量与效率,降低建筑的建造成本。建筑工业化的基本特征表现在设计标准化、施工机械化、预制工厂化、组织管理科学化四个方面。

1.3 建筑模数协调统一标准

统一建筑模数,是使建筑构件尺寸规格化,以利于工业化的生产。例如,预制构件只需少数规格型号,就能满足众多建筑的需要。模数是一种度量单位,这个度量单位的数值扩展成一个系列就构成了模数系列。

为协调建筑业及相关产业的生产,使各种产品能在建筑物中很好地安装与互换,我国制定了国家标准《建筑模数协调统一标准》(GBJ 2—86),以及《住宅建筑模数协调标准》(GB/T 50100—2001),构成了一个完整的尺度体系,作为确定建筑物、构配件、组合件等的尺度和位置的依据。

1)建筑的基本模数

建筑的基本模数,定为100 mm,其符号为 M,即 1 M 等于 100 mm。该标准规定,整个建筑物和建筑物的各部分,以及建筑组合件的模数化尺寸,应是基本模数的倍数,在此基础上产生导出模数。

按照国家标准,水平基本模数为 1 M 至 20 M 的数列,主要用于门窗洞口和构配件截面等处,见图 1.1。超出这个幅度,宜采用导出模数系列。

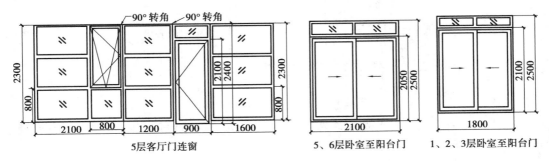

图 1.1 基本模数应用举例

竖向基本模数为 1 M 至 36 M 的数列,主要用于建筑物的层高、门窗洞口和构配件截面等处。超出这个幅度,宜采用导出模数系列。

2)导出模数

导出模数,是在基本模数上扩展出来的,包括了扩大模数和分模数。

(1)扩大模数

水平扩大模数有 6 个基数,即 3 M、6 M、12 M、15 M、30 M、60 M,其相应尺寸分别是 300 mm、600 mm、1 200 mm、1 500 mm、3 000 mm、6 000 mm,主要用于建筑物的开间或柱距、进深或跨度、构配件尺寸和门窗洞口等处,见图 1.2。

水平扩大模数的幅度,应符合下列规定:

①3 M 数列按 300 mm 进级,其幅度应由 3 M 至 75 M。

②6 M 数列按 600 mm 进级,其幅度应由 6 M 至 96 M。

③12 M 数列按 1 200 mm 进级,其幅度应由 12 M 至 120 M。

④15 M 数列按 1 500 mm 进级,其幅度应由 15 M 至 120 M。

⑤30 M 数列按 3 000 mm 进级,其幅度应由 30 M 至 360 M。

⑥60 M 数列按 6 000 mm 进级,其幅度应由 60 M 至 360 M 等,必要时幅度不受限制。

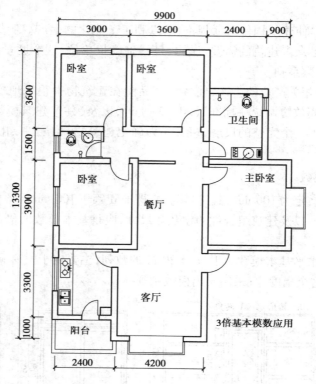

图 1.2 扩大模数的应用举例

竖向扩大模数的基数为 3 M、6 M 两个,尺寸分别为 300 mm 和 600 mm,主要适用于建筑物的高度、层高、门窗洞口尺寸。

竖向扩大模数的幅度,应符合下列规定:

①3 M 数列按 300 mm 进级,幅度不限制。

②6 M 数列按 600 mm 进级,幅度不限制。

(2)分模数

分模数有 3 个基数,即 1/10 M、1/5 M 和 1/2 M,其相应尺寸分别是 10 mm、20 mm 和 50 mm,主要用于缝隙、构造节点、构配件截面等处,见图 1.3。

分模数的幅度,应符合下列规定:

①1/10 M 数列按 10 mm 进级,其幅度应由 1/10 M 至 2 M。

②1/5 M 数列按 20 mm 进级,其幅度应由 1/5 M 至 4 M。

③1/2 M 数列按 50 mm 进级,其幅度应由 1/2M 至 10M。

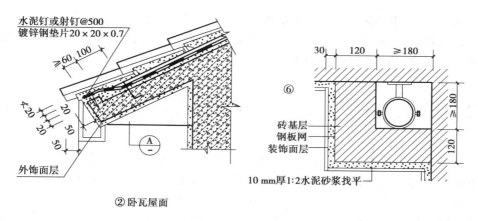

②卧瓦屋面

图1.3 分模数应用举例

1.4 有关规范、标准和规定

建筑工程设计和施工建造的依据主要有国家标准（设计规范）、行业标准,地方条例和规定等。国家标准中有的规定是强制性的,有的是推荐性的,强制性规定必须严格遵循。与建筑设计有关的标准如下:

（1）国家标准

国家标准是指由国家标准化主管机构批准发布,对全国经济、技术发展有重大意义,且在全国范围内统一的标准。建筑工程设计的国家标准一般是设计规范的形式。建筑工程设计有建筑师、结构工程师和设备工程师等参与,他们必须按照城市规划规范、建筑设计规范、结构设计规范和设备设计规范等国家标准要求,分工合作完成设计任务,并共同对建筑工程设计的质量负责。国家标准系列统一冠以"GB"字母开头。国家标准是最基本的标准,其他任何标准的要求只能高于国家标准。

（2）行业标准

行业标准是由我国各主管部、委（局）批准发布,在该部门范围内统一使用的标准,称为行业标准。行业标准对建筑物的质量等有较强的规范性和约束性,如建筑行业的 JG 和 JGJ 系列,具体如《实腹钢纱、门窗检验规则》(JG/T 18—1999)、《建筑施工升降设备设施检验标准》(JGJ 305—2013)等,一些成熟的行业标准会升级为国标。

（3）条例

条例是法的表现形式之一,一般只是对特定社会关系作出的规定。例如国务院 1998 年颁布的《电力设施保护条例》,对建筑与高压线的距离有明确的规定,建筑的设计与建造必须遵循。

（4）地方的相关规定

地方相关规定是地方政府部门根据国家有关法律法规,结合本地的具体情况制定的、在本地范围有效的规定。例如,在重庆市从事建筑设计工作,应当满足《重庆市城市规划管理技术规定》的要求等。

值得强调的是,上述国家和行业标准等,既是最重要、最权威的设计依据,又有着极强的时效性。因为社会在不断进步,工程技术在不断发展,它们也会被不断地丰富、改进和完善。在设计和建造时,必须依据最新的版本。

1.5 标准设计

标准设计的目的在于提高建筑设计、建筑构件生产和建筑建造的效率,降低成本和保证质量,促进建筑工业化。标准设计图是建筑工程领域重要的通用技术文件。至今,我国共编制了国家建筑标准设计近 2 000 项,全国有 90% 的建筑工程采用标准设计图集,标准设计工作量占到设计工作量的近 60% 。加上各地区为适应当地特点所做的工作,建筑的设计和建造已与标准设计产生了密切的联系。

按照适用范围,我国标准设计分为以下类型:

①国家建筑设计标准图,如《国家建筑标准设计图集 12J304:楼地面建筑构造》,见图1.4。以 J 系列为建筑专业设计的分类编号,在全国范围内适用;相关的还有建筑结构、设备等其他专业的标准设计。

图 1.4 国家标准设计图

图 1.5 地区标准设计图

②行政大区的建筑设计标准图,全国七大地理分区(华东地区、华南地区、华中地区、华北地区、西北地区、西南地区、东北地区)的建筑设计标准图,适用于本地区。例如原西南 J 建筑标准图系列,在西南地区通用。其他如中南地区的 ZJ 建筑标准图系列;华北地区的 BJ 建筑标准图系列等,见图1.5。

图 1.6 各省市标准设计图

③各省市自编的、适用于本省市的建筑设计标准图,例如原吉林省的吉 J 建筑标准图系列,浙江省的浙 J 建筑标准图系列等。现在各地的图集均以 DBJ 为系列编号,意为地方建筑标准设计图,见图1.6。

建筑设计标准图的内容,是以建筑的构造设计为主。标准设计鼓励建筑师和工程师,在设计时照搬和引用,以推动建筑设计与建造的工业化和标准化。因此,在施工图设计阶段和施工建造时,各有关单位和人员采用标准设计最多。各种建筑标准设计图也是本课程学习的重要参考资料。

因为标准设计要以国家规范和标准等为重要设计依据,所以也有着较强的时效性。

1.6　我国的建筑方针

新中国成立初期,我国曾提出"适用、经济、在可能条件下注意美观"的建筑方针。改革开放后,建设部总结了以往建设的实践经验,并结合我国实际情况,制定了新的建筑技术政策,明确指出建筑业的主要任务是"全面贯彻适用、安全、经济、美观的方针"。

建筑构造概述

[本章导读]

    本章系统叙述了建造有关的重点问题,以便为后续内容的学习打好基础。通过本章学习,应熟悉建筑的组成,掌握构造工艺和工序的概念;掌握建筑构件安装连接的主要手段;熟悉建筑的牢固性(例如强度、刚度、整体性和稳定性等)对构造的要求及其相应的构造措施。

    构造和建造是同义词。建筑构造以研究建筑的建造(特别是建筑师负责设计并交付施工的内容)为主,这些内容大多与建筑施工图设计和施工建造关系紧密。构造设计的原则如下:

①满足建筑使用功能的要求。

②确保建筑结构及构件安全。

③适应建筑工业化和建筑施工的需要。

④注重社会、经济和环境效益。

⑤注重美观。

    建筑构造学是主要针对建筑物及组成建筑物的,它主要由建筑师设计的建筑构件部分进行建造方法的总结和研究,同时对相关内容(重点是大量性修建的建筑物和成熟的建造技术)进行介绍。

2.1　建筑物组成

    建筑主要由基础与地下室、墙与柱、楼地(板)面、门窗、楼(电)梯、屋顶面等组成,见图2.1。这些组成部分之间还可整合,例如曲面钢网架建筑,其外墙与屋顶就合二为一,见图

2.2。有的建筑组成部分更少,如张力结构建筑、充气建筑等,见图2.3。

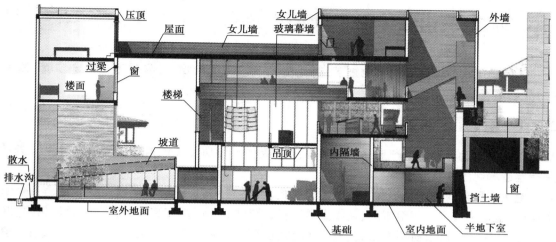

图2.1 建筑物的组成

图2.2 钢网架

图2.3 充气建筑

建筑的主要组成部分是基础、墙柱、楼地板(面)、门窗、楼梯和屋面6个部分。

①基础:建筑底部与地基接触的承重构件,其作用是把建筑上部的荷载传给地基。

②地下室:房间地平面低于室外地平面的高度超过该房间净高1/2者为地下室。

③墙:用砖石等材料砌成的,垂直的,支承楼板、房顶或分隔、围合与围护空间的建筑构件。

④楼地(板)面:在垂直方向上分隔和围合建筑内部空间的构件,主要承担建筑平面的荷载。

⑤门:设在建筑物的出入口或安装在出入口能开关的装置。门是分割空间的构件之一,可以连接和隔离两个或多个空间。

⑥窗:主要用于建筑空间的采光和通风,并围护空间的建筑构件。

⑦楼梯:在建筑内部作为垂直交通用的构件。

⑧屋顶:区分建筑内部或外部空间的建筑构件,起遮蔽和围护建筑空间的作用。

⑨雨篷:设在建筑物出入口或顶部阳台上方,用来挡雨、挡风、防止高空落物的构件。

⑩阳台:提供楼层居住者进行室外活动、晾晒衣物等用途的开敞空间的建筑构件。

2.2 建筑构造与工艺和工序

任何建筑构件或建筑细部的施工,都是按照工艺和质量要求,依顺序和特定步骤(即工序)先后进行的。

2.2.1 施工工艺和工序

工艺是劳动者利用生产工具对原材料、半成品进行增值加工或处理的方法与过程。工序是指建造的顺序和特定步骤。

绝大多数建筑的建造步骤是从基础开始的,然后是底层、楼层直至屋面。即使是一个个小构件,也是由许多工序组成的,例如金属栏杆,就有加工成型、安装固定、除锈、刷防锈漆、罩面漆等工序,每个环节都不容出错,最后才能完成符合要求的产品。从图纸到完工的成品,建筑的全过程都应按照有关国家标准和行业标准认真履行。

为实现一种建造结果,一般会在若干相关的工艺当中选择一种,以追求最合理的方式和最好的性价比,即技术上的先进和经济上的合理。

例如:在墙面上安装石材饰面,就有湿贴(图2.4)、湿挂(图2.5)、干贴(胶粘贴而非水泥砂浆,现场没有湿作业,见图2.6)、干挂(图2.7)等工艺,其中干挂的方式又因龙骨系列不同而分多种。不同的做法适用于不同的条件,也会产生品质和造价的差异。

图2.4 石材湿贴 图2.5 石材湿挂 图2.6 石材干粘 图2.7 石材干挂

再如墙面做涂料时,就有刷涂(图2.8)、滚涂(图2.9)和喷涂(图2.10)、抹涂和弹涂等方法,具体采用哪种好,需依具体情况而定。各种工艺和要求,首先应在施工图里边有明确的规定,以作为施工和计算工程造价的依据。

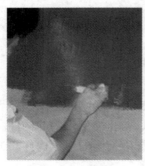

图2.8 刷涂 图2.9 滚涂 图2.10 喷涂

2.2.2 构造层次

为满足设计和使用要求,建筑的各种围护结构或空间界面的表面会用若干的材料进行组合,形成不同的层次,既起到各自的作用,又共同保证质量和建筑的使用。例如,一个卷材防水的保温非上人屋面,就有 10 个层次之多,这些层次都不可或缺,其各自的作用分析如下(由下而上):

- (屋面结构层):属于建筑结构部分,起承重和围合空间作用,由结构设计确定;而其上的层次,由建筑设计确定。
- 20 厚 1:3 水泥砂浆找平层:弥补结构面层表面的缺陷,为后续作业打好基础。
- 隔汽层:避免室内水蒸气侵入保温层等,降低其保温效能。
- 20 厚 1:3 水泥砂浆:既保护隔汽层,又为铺装保温层创造好条件。
- 保温层:起阻绝室内外热交换的作用。
- 20 厚 1:3 水泥砂浆找平层:既保护保温层,又为铺装防水层做好准备。
- 刷底胶剂一道:增强卷材黏结剂与水泥砂浆的附着力。
- 防水卷材一道,黏结剂两道:防雨水等用。
- 20 厚 1:3 水泥砂浆找平层:为铺装下一道防水层做好准备(两道防水要求)。
- 防水卷材一道,黏结剂两道:增加一道防线。
- 20 厚 1:2.5 水泥砂浆保护层,分格缝间距小于 1 m。

这样的构造,可以满足屋面防水和保温要求,并确保建造建筑的质量和耐久性。其他构造层次举例,见图 2.11。

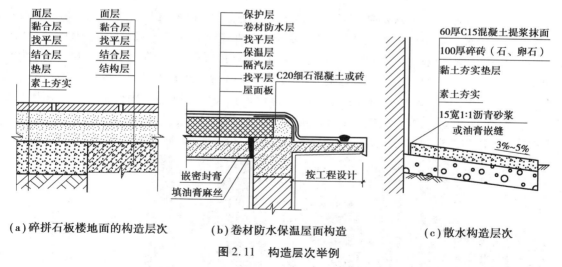

（a）碎拼石板楼地面的构造层次　　（b）卷材防水保温屋面构造　　（c）散水构造层次

图 2.11　构造层次举例

2.2.3 做法及质量要求

建筑设计时如何确定这些构造层次,这就需要懂得构造原理,并有丰富的实践经验和对材料性能的充分认识。

在设计和施工中,每个工艺或工序都有其质量要求,体现在施工图或标准设计图中,经常会有"满刷""满焊""钉牢""三道成活"等字眼。

2.2.4 施工缝的处理

各种材料与构件之间,在施工安装前后会留下缝隙,称为施工缝。对施工缝的处理,常用弥合、填充和遮饰方式。弥合方式一般是采用细石混凝土浇筑,将脱开的混凝土构件结合成整体,或采用水泥砂浆抹平缝隙;填充是采用油膏或嵌缝胶等弹性材料,填塞缝隙;遮饰一般用抹灰或用金属板、石板、木板等遮挡缝隙。遮缝的构件安装,有一边或两边固定之分。另外,建筑本身还可能用到3种变形缝,处理的方法详见有关章节。

2.2.5 不同地区的差异

建筑的构造会因所在地区不同而有所差异。我国以秦岭山脉和淮河流域作为南北方的分界,二者在气候等诸方面存在显著差异,这也影响到建筑物的建造及其他,在设计与施工时应区别对待。例如,在北方地区以建筑保温为主,还要考虑防冻;而南方是以隔热通风等为主,但在考虑建筑节能时,南方地区也会用到建筑保温的构造做法。

在建筑防震方面,不同地区的设防要求不一,不同地区能够提供的主要建筑材料存在差异,不同地区的建筑传统存在差异,等等。针对这些差异,在建筑设计与建造时也应区别对待。

2.3 材料和构件的安装连接固定方法

建筑设计和施工时都需要决定以何种最合理的方式,将各种材料、构件和设备等牢固地安装连接于建筑结构主体之上,这些方式主要分为柔性连接和刚性连接两类。柔性连接适用于易被损坏的(例如玻璃)一类构件。柔性连接允许构件之间有一定限度的相对位移,刚性连接则不然。构件常用的安装连接方法有:黏结(图2.12)、钉接(图2.13)、焊接(图2.14)、嵌固(图2.15)、夹固(图2.16)、挂接(图2.17)、螺栓连接(图2.18)、锚固(图2.19)、压固(图2.20)、拴固(图2.21)、敷设(类似嵌固)、铺设、铆接(图2.22)、卡固(图2.23)等,分别适用于不同的材料和建筑的部位。设计和施工时应选取适合的方法,确保施工方便和质量可靠。

图2.12 黏结　　　图2.13 钉接　　　图2.14 焊接　　　图2.15 嵌固

①黏结:利用水泥砂浆或胶水,用于较薄的材料的安装固定,如地砖、墙纸等材料。
②钉接:采用木钉、水泥钉、螺钉、膨胀螺丝、气钉(靠压缩空气作用钉接)、射钉等连接。
③焊接:用于金属构件的安装、连接或固定。

④嵌固:先预留孔洞或沟槽,插入或埋入构件后再固定牢靠,如栏杆扶手与墙体连接等。

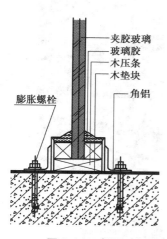

图 2.16　夹固

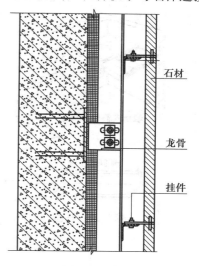

图 2.17　挂接

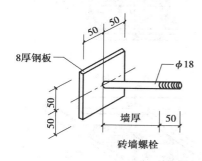

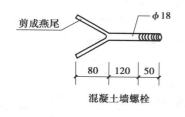

图 2.18　螺栓连接

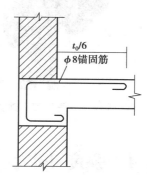

图 2.19　锚固

⑤夹固:常用于不宜钻孔或黏结、钉接的材料,如玻璃等的安装。

⑥挂接:采用挂件固定构件,如各种幕墙的安装固定。

⑦螺栓连接:用金属螺栓、螺杆或膨胀螺栓等拧紧固定,常用于金属构件。

⑧锚固拉结:例如利用柱子的拉结钢筋锚进墙体内部,用来维系墙体的稳定性。

⑨压固:例如墙承式悬臂楼梯踏步的安装,踏步板靠墙体的重力使其不会产生位移,其他悬挑构件也如此。

⑩卡固:例如一些金属扣板吊顶的安装。

⑪拴固:用捆绑的方法安装固定构件,使其不产生位移,如用扎丝绑固钢筋等。

⑫铆固:用各种铆钉连接,复合板或金属构件常用,例如铝塑板幕墙安装。

⑬吊装:如大多数吊顶的安装等。

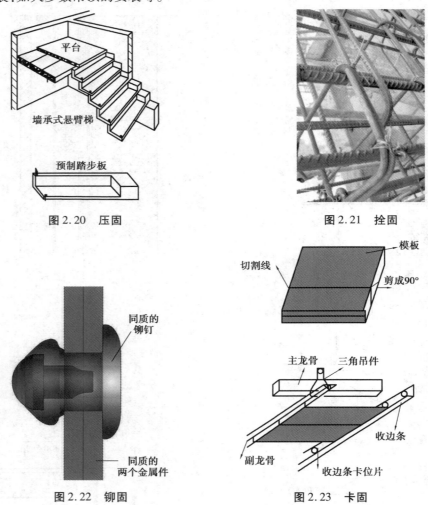

图2.20　压固

图2.21　拴固

图2.22　铆固

图2.23　卡固

2.4　强度、刚度、稳定性、挠度

　　构造措施的选择,要使建筑及构件具备足够的强度、刚度、整体性、稳定性和安全的要求,也要满足如挠度和施工缝控制等方面的要求,以便于施工并保证质量。

　　①强度:是构件抵抗因外力作用而破坏的能力。例如当砌体局部抗压能力不达标时,设计和施工会采取增大断面或设置钢筋混凝土构造柱的方式来提高这个局部的强度,保证其不会因受压力作用而破坏。这些外力通常包括压力、拉力、剪力和扭转力等,见图2.24。

　　②刚度:是建筑构件抵抗因外力作用而弹性变形的能力。例如一个厚度较薄的轻质隔墙,相对于较厚的,它更容易受外力作用而弯曲变形。刚度高的建筑在地震中最易受损或破坏,见图2.25。

图2.24 强度不够

图2.25 刚度不够

③挠度:是指建筑构件等在弯矩作用下因挠曲引起的垂直于轴线的线位移。构件的刚度降低,挠度就会增大。大多数水平构件都会产生挠度,挠度过大时即使不至于破坏构件,也会影响建造质量和美观。设计和建造时应按照要求控制好建筑构件的挠度,见图2.26和表2.1。

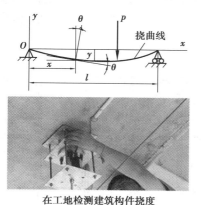

在工地检测建筑构件挠度

图2.26 挠度图

图2.27 增强整体性的措施

表2.1 金属及玻璃屋面构件挠度

支承构件或面板			最大相对挠度(L为跨距)
支承构件	单根金属构件	铝合金型材	$L/180$
		钢型材	$L/250$
玻璃面板 (包括光伏玻璃)	简支矩形		短边/60
	简支三角形		长边对应的高/60
	点支承矩形		长边支承点跨距/60
	点支承三角形		长边对应的高/60
独立安装的光伏玻璃	简支矩形		短边/40
	点支承矩形		长边/40

续表

支承构件或面板			最大相对挠度（L 为跨距）
金属面板	金属压型板	铝合金板	$L/180$
		钢板，坡度≤1/20	$L/250$
		钢板，坡度>1/20	$L/200$
	金属平板		$L/60$
	金属平板中肋		$L/120$

注：引至《采光顶与金属屋面技术规程》（JGJ 255—2012）。

④整体性：是指建筑物或构件抵抗因外力作用而分解和解体的能力。例如砖砌体外墙，常设圈梁和构造柱来保证其整体性。这个圈梁，就像木桶的箍确保木桶不解体一样，确保建筑不至于受外力作用而解体，见图2.27。

⑤稳定性：对于建筑和建筑构件而言，是指构件抵抗因外力作用或其他原因而倾斜和倾覆的能力。例如当砌体墙面过长或过高时，会利用构造柱等措施来增强其稳定性，使其不易垮塌。所谓"一个篱笆三个桩"，就是要设桩来稳定篱笆。地面的不均匀下沉也可能会导致建筑的倾覆，如著名的比萨斜塔（图2.28）。

图2.28　稳定性差的比萨斜塔

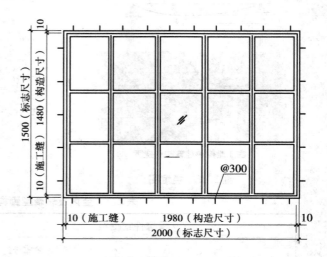

图2.29　构件的尺寸

2.5　构件尺寸

构件设计和生产的尺寸应该不一致，这是考虑了制作和安装的需要。与构件和施工有关的尺寸类型有标志尺寸、构造尺寸和实际尺寸。

（1）标志尺寸

标志尺寸用于标注建筑物定位轴线之间的距离（如跨度、柱距、层高等），建筑制品、构配件尺寸,以及有关设备位置界限之间的尺寸等。它应符合模数数列的规定,即标志尺寸=构造尺寸+施工缝尺寸。

（2）构造尺寸

构造尺寸是建筑制品和构配件等的设计尺寸。为便于安装,构造尺寸常比标志尺寸小,因为考虑了施工缝。施工缝隙尺寸的大小,宜符合模数数列的规定,见图2.29。

（3）实际尺寸

实际尺寸是按照构造尺寸生产制造的构件成品尺寸,因存在加工精度误差,所以与构造尺寸有出入。这种误差应由允许偏差值加以限制,例如1 480±5。

2.6 相关标准

建筑的设计阶段应严格按照有关国家设计规范、行业标准、地方或行业的相关条例规定执行,以确保工程质量。目前颁布的与建筑工种有关的设计规范已有约170个。而施工建造过程中,主要按照建筑行业有关标准(数量更多,例如关于材料的、构件的,关于施工安全和施工质量的)和图纸规定执行。当设计图纸与国家标准和行业标准有冲突时,以国家标准和行业标准为准。

复习思考题

1. 什么是施工工艺和工序？
2. 钢筋混凝土框架内部轻质隔墙可以采用什么方法来安装固定？
3. 作用于建筑构件的外力通常有哪些？
4. 构造层次可以改变吗？为什么？
5. 为什么要控制构件的挠度？

3

地基基础和地下室

[本章导读]

通过本章学习,应了解地基和基础与建筑的关系;了解地基的类型和加固措施;熟悉基础的类型、适用范围和构造;熟悉地下室防水和排水的措施和构造做法。

3.1 地基与基础

3.1.1 地基与基础的基本概念

(1)地基与基础

基础是建筑地面以下的承重构件,是建筑的重要组成部分。地基是指建筑物基础底部下方一定深度和厚度的土层,包括持力层和下卧层,见图3.1。地基土的种类有岩石、碎石土、砂土、黏性土和人工填土。有的工程持力层较深,还有的常用桩基础,见图3.2。

(2)天然地基与人工地基

地基的基本要求是:具有足够的强度和稳定性,在荷载作用下不产生剪切破坏或沉降变形。地基分为天然地基和人工地基两类。

①天然地基:未经处理的天然土层,能够满足设计要求。

②人工地基:人工加固处理的土层。如果天然地基不能满足设计要求,需经人工处理,则处理后作为地基的土层称为人工地基。处理方法视具体情况有多种选择,如换土法(图3.3)、预压法、强夯法(图3.4)、振冲法、砂石桩法、石灰桩法、柱锤冲扩桩法、土挤密桩法、水泥土搅

拌法、高压喷射注浆法、单液规划法、碱液法等,总结起来,即为挖、填、换、夯、压、挤、拌。

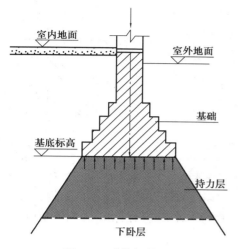

图3.1　地基与基础

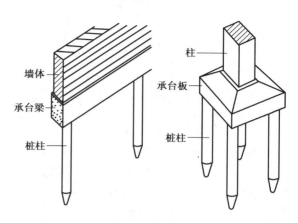

图3.2　桩基础

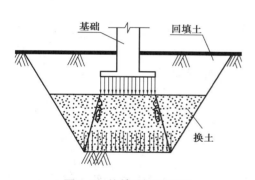

图3.3　换填法加固地基

图3.4　强夯法加固地基

（3）基础埋深

基础埋置深度是指室外设计地面到基础底面的垂直距离,一般不含垫层,除非其作用与基础相同时才算,见图3.5。基础的埋置深度≥0.5 m,其中深基础>5 m,浅基础≤5 m。影响基础埋深的主要因素有以下方面:

①建筑物的用途,有无地下室、设备基础和地下设施,以及基础的形式和构造等。

②作用在地基上的荷载大小和性质。基础应埋置在坚硬的土层上。

③工程地质和水文地质条件。基础应埋在地下水位以上,当地下水位较高时,当埋置在全年最低地下水位以下,且不少于200 mm,见图3.6。

④相邻建筑物的基础埋深。当存在相邻建筑物时,新建建筑物的基础埋深不宜大于原有建筑基础。当埋深大于原有建筑基础时,两基础间应保持一定净距,其数值应根据建筑荷载大小、基础形式和土质情况确定。通常是新基础埋深较旧基础大,是二者基础垫层净距的1~2倍。

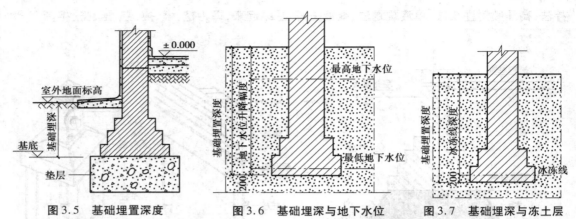

图 3.5 基础埋置深度   图 3.6 基础埋深与地下水位   图 3.7 基础埋深与冻土层

⑤地基土冻胀和湿陷的影响。为避免冻土层长年周期性膨胀和塌陷的不良影响,基础应埋置在冰冻线以下、不低于 200 mm 处。湿陷性黄土性地基遇水使基础下沉,因此地基应埋置深点,避免地表水湿润,见图 3.7。

与基础埋深有关的更为具体的规定,详见《建筑地基基础设计规范》(GB 50007—2011)。

3.1.2 基础的类型和适用范围

1)基础类型

①以形式分:分为带(条)形、独立(单独)、桩(十字交叉)基础、筏形基础、箱形基础、壳体基础和联合基础等。

②按材料分:分为砖、石、混凝土、毛石混凝土、钢筋混凝土基础。

③以传力特点分:分为刚性基础、柔性基础。

④以埋置深度分:分为浅基础、深基础。

2)不同形式基础的特点和适用范围

(1)条形基础

条形基础按上部结构分为墙下条形基础(图 3.8(a))和柱下条形基础(图 3.8(b)),一般用于采用砖混结构的居住建筑和低层公共建筑。墙下条形基础广泛应用于砌体结构;柱下条形基础用于框架结构中柱荷载较大、地基承载力不足的情况。

(2)独立基础

独立基础适用于地基土层性质较好的情况,常用于柱式、塔式及筒式构筑物之下,常见的有台阶形(见图 3.9(a))、锥形基础、杯口形基础(图 3.9(b))等。台阶形的踏步高为 300 ~ 500 mm;锥形或杯口基础边缘的厚度不小于 200 mm,混凝土强度不低于 C20,垫层厚度不小于 70 mm。

(3)桩基础

桩基础由基桩和连结于桩顶的承台板或梁共同组成。按照基础的受力原理,可分为摩擦桩和端承桩,桩型主要有预制钢筋混凝土桩、预应力钢筋混凝土桩、钻(冲)孔灌注桩、人工挖孔灌注桩、钢管桩等。端承桩支承在地下较深处坚硬的持力层上,可支撑上部荷载同时避免大开挖施工;摩擦桩是依靠桩群刚度,保证在自重或相邻荷载影响下不产生过大的不均匀沉降,以确保建筑物的倾斜不超过允许范围。桩基础可凭借巨大的单桩侧向刚度或群桩基础的

（a）墙下条形基础图

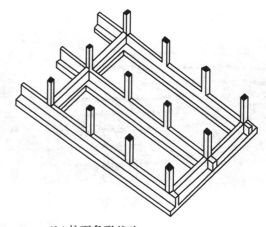

（b）柱下条形基础

图 3.8　条形基础

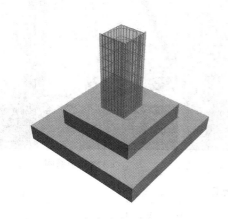

（a）台阶形独立基础

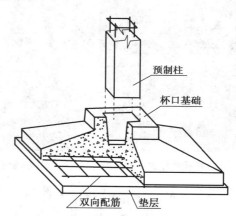

预制柱

杯口基础

双向配筋　垫层

（b）杯口形独立基础

图 3.9　独立基础

侧向刚度及其整体抗倾覆能力，抵御由于风和地震引起的水平荷载与力矩荷载，保证高层建筑的抗倾覆稳定性。

　　预制桩基础在软土地基中被广泛采用，其特点是在工厂或施工现场制成各种形式的桩，用沉桩设备将桩打入、压入或振入土中，上面做承台或梁来承担建筑荷载。常见类型有预应力钢筋混凝土管桩（PC）、高强预应力钢筋混凝土管桩（PCH）、预应力钢筋混凝土方管桩（KFZ）、钢筋混凝土方桩等，见图 3.10。

　　灌注桩适用于地质条件复杂、持力层埋藏深、地下水位高等不利于人工大规模开挖施工基础的情况，有挖孔桩和钻孔桩两种，待孔形成并达到设计要求后，再植入钢筋网、浇筑混凝土，见图 3.11。

　　爆扩桩是指用爆破方法将孔底端部扩大，然后就地浇灌混凝土而成的短桩，顶端再设平台或梁承担建筑荷载，这样既对地基进行了处理，又提高了桩基础的承载力，见图 3.12。

（a）预制方桩

（b）打入地下

图 3.10　预制桩及施工

（a）挖孔灌注桩

（b）钻孔灌注桩

（c）放入钢筋网

图 3.11　灌注桩及施工

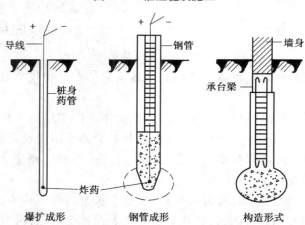

图 3.12　爆扩桩成形原理

（4）壳体基础

烟囱、水塔、储仓、中小型高炉等各类筒形构筑物基础，因为平面尺寸较大，为节约材料并使基础结构有较好的受力特性，常将基础做成壳体形式的独立基础，称为壳体基础。其常用形式有正圆锥壳、M 形组合壳、内球外锥组合壳等，见图 3.13。

图 3.13　壳体基础

（5）筏形基础

当建筑物上部荷载较大而地基承载能力又比较弱时，独立基础或条形基础已不适用，此时可将墙或柱下基础连成一片，使建筑物的荷载承受在一块整板上，做成筏形基础，也称满堂基础。其特点是底面积大，基底压强小，同时可提高地基土的承载力，并能更有效地增强基础的整体性，调整不均匀沉降，见图 3.14。

（6）箱形基础

箱形基础是由钢筋混凝土的底板、顶板和若干纵横墙组成的一个中空的箱形整体结构，共同承受上部的荷载。箱形基础整体空间刚度大，对抵抗地基的不均匀沉降有利，适用于高层建筑或在软弱地基上建造的上部荷载较大的建筑物。当基础的中空部分较大时，该空间还可加以利用，见图 3.15。

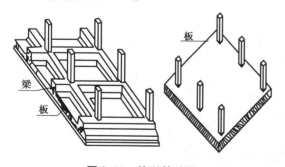

图 3.14　筏形基础图

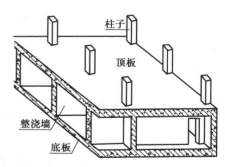

图 3.15　箱型基础

3）刚性基础及柔性基础

（1）刚性基础

受刚性角限制的基础称为刚性基础（图 3.16），其特点是抗压好，但抗拉、弯、剪差，常见的有砖基础、毛石混凝土基础和石基础等。基础底面积越大，其底面压强越小，对地基的负荷越有利，但放大的尺寸超过一定范围时，就会超过基础材料本身的抗拉、抗剪能力，引起破坏。基础受压时，折裂的方向与柱或墙的外侧垂直向下的垂线形成一个角度，这个角度就是材料刚性角。在设计中应使基础大放脚与基础材料的刚性角相一致，这样可使刚性基础底面不产生拉应力,能最大限度地节约基础材料。

(2)柔性基础

柔性基础是指用钢筋混凝土材料做的基础,其抗拉、抗压、抗弯、抗剪均较好,不受刚性角的限制,可做成条形或独立形基础,一般用于地基承载力较差、上部荷载较大、设有地下室且基础埋深较大的工程,适用于6层和6层以下的一般民用建筑和整体式结构厂房。柔性基础还可节省大量的混凝土材料和挖方。

钢筋混凝土基础可以做成四棱锥形,最薄处不小于200 mm;也可以做成阶梯形,每步高300~500 mm,混凝土强度等级不应低于C20。垫层的厚度不宜小于70 mm,垫层混凝土强度等级应不小于C10,见图3.17。

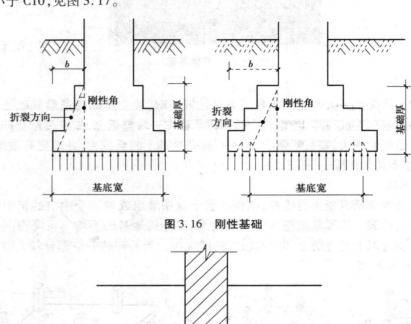

图3.16 刚性基础

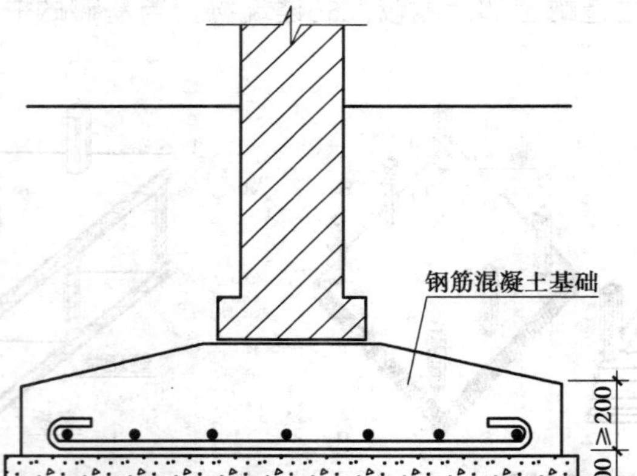

图3.17 柔性基础

3.2　地下室

3.2.1　地下室设计一般原则

建筑物下部的地下使用空间称为地下室,一般由墙身、底板、顶板、门窗、楼梯等部分组成,可用作设备用房、车库、库房、商场、餐厅及战备防空等。

（1）地下室类型

①按功能分:有普通和人防地下室。

②按结构材料分:有砖墙和混凝土结构地下室。

③按埋入地下深度分,有全地下室(地下室地面与室外地坪的高差超过该房间净高的1/2)、半地下室(地下室地面与室外地坪的高差仅为该房间净高的1/3~1/2)和多层地下室。

（2）地下室防水设计

当设计最高水位高于地下室地坪时,必须作防水处理。地下室防水设计应遵循"防、排、截、堵相结合,因地制宜,综合治理"的原则。

（3）地下室防水等级

①地下室的防水设计与施工,根据建筑的重要性分为不同等级,见表3.1。

表3.1　不同防水等级及其适用范围

防水等级	适用范围
一级	人员长期停留的场所;因有少量湿渍会使物品变质、失效的储物场所及严重影响设备正常运转和工程安全运营的部位;极重要的战备工程、地铁车站
二级	人员经常活动的场所;在有少量湿渍的情况下不会使物品变质、失效的储物场所及基本不影响设备正常运转和工程安全运营的部位;重要的战备工程
三级	人员临时活动场所;一般战备工程
四级	对渗漏水无严格要求的工程

注:摘自《地下工程防水技术规范》(GB 50108—2008)。

②在设计与施工时,不同的防水等级,其设防要求不同,见表3.2。

表3.2　地下工程主体结构防水设防要求

防水措施＼防水等级	一级	二级	三级	四级
防水混凝土	应选	应选	应选	宜选
防水卷材、防水涂料、防水砂浆、塑料防水板、金属防水板	应选一至两种	应选一种	宜选一种	—

注:引自《地下工程防水技术规范》(GB 50108—2008)。

③地下室的防水措施主要是借助防水混凝土和防水卷材进行防水,其质量要求分别见表3.3、表3.4。

表3.3 防水混凝土设计抗渗等级

工程埋置深度 H/m	设计抗渗等级	工程埋置深度 H/m	设计抗渗等级
$H<10$	P6	$20{\leqslant}H<30$	P10
$10{\leqslant}H<20$	P8	$H{\geqslant}30$	P12

注:引自《地下工程防水技术规范》(GB 50108—2008)。

表3.4 防水卷材厚度

卷材品种	高聚物改性沥青类防水卷材			合成高分子类防水卷材			
	弹性体改性沥青防水卷材、改性沥青聚乙烯胎防水卷材	自黏聚合物改性沥青防水卷材		三元乙丙橡胶防水卷材	聚氯乙烯防水卷材	聚乙烯丙纶复合防水卷材	高分子自黏胶膜防水卷材
		聚酯毡胎体	无胎体				
单层厚度/mm	≥4	≥3	≥1.5	≥1.5	≥1.5	卷材:≥0.9 黏结料:≥1.3 芯材厚度:≥0.6	≥1.2
双层厚度/mm	≥(4+3)	≥(3+3)	≥(1.5+1.5)	≥(1.2+1.2)	≥(1.2+1.2)	卷材:≥(0.7+0.7) 黏结料:≥(1.3+1.3) 芯材厚度:≥1.5	

注:引自《地下工程防水技术规范》(GB 50108—2008)。

3.2.2 地下室的防水、排水构造

1)地下室防水

地下室防水主要是"以防为主,以排为辅"。一般的地下室防水,是在外墙迎水面做卷材或涂料外防水,有外防内贴法和外防外贴法两种。

外防内贴法是先浇筑混凝土垫层,在垫层上砌筑永久性保护墙,抹水泥砂浆找平层,将卷材防水层直接铺贴在垫层和永久性保护墙内表面上,再浇筑地下室底板和外墙,见图3.18。

外防外贴法是先在垫层上铺贴底层卷材,四周留出接头,待地下室底板和外墙浇筑完毕,再将卷材防水层直接铺设在外墙外表面上,见图3.19。

当地下最高水位高于地下室的地面时,地下室应做整体钢筋混凝土结构,以保证防水效果,见图3.20。此外,地下室防水还可按照具体情况选择其他方案,见图3.21。

当地下最高水位低于地下室的地面时,地下室也应作防潮处理,见图3.22(a)和(b)。

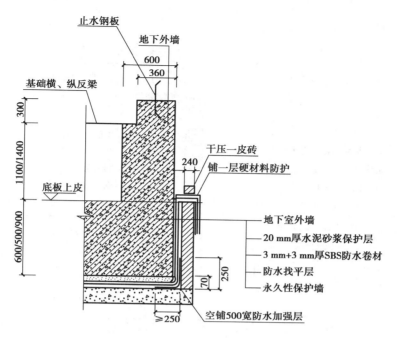

图 3.18 外防内贴法

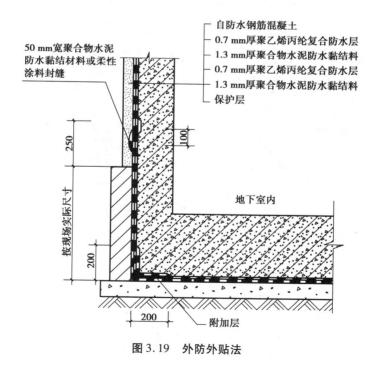

图 3.19 外防外贴法

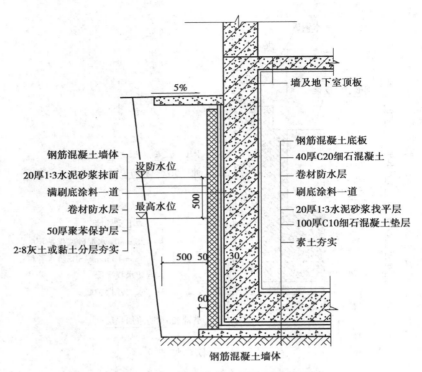

图 3.20 地下最高水位高于地下室的地面

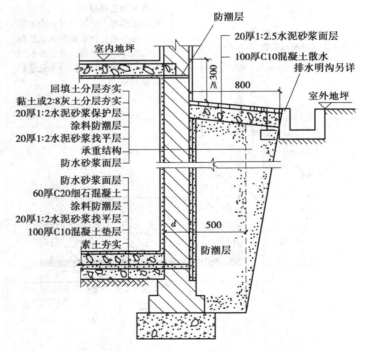

图 3.21 地下室砌体墙面涂料内防水做法

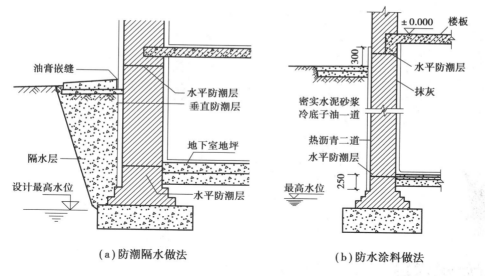

（a）防潮隔水做法　　　　　　　　（b）防水涂料做法

图 3.22　地下室防潮

2）地下室排水

地下室排水的原理是:利用地漏,水箅子、水管和水沟等,将地面水收集到集水坑(井),最后通过水泵抽取出去。常用方法如下:

①排水沟系统:地面以 0.5% ~1% 的坡度坡向水沟,沟一般宽 300 mm、深 300 mm。也有 0.5% ~1% 的坡度坡向集水坑(井),沟上覆盖铸铁箅子,一般结构底板为架空板或无梁楼板(厚板)时采用这种方式,见图 3.23。

②地漏系统:用地漏-排水管方式排至集水井。地下室地面从各方向以 0.5% ~1% 的坡度坡向地漏,水管再以 0.5% ~1% 的坡度,将水汇集到集水坑。一般地下室底板为梁板结构形式时采用这种方式。优点是不影响结构层,造价低;不足之处是大量排水时不是很通畅,不易清理。

图 3.23　地下车库排水沟　　图 3.24　地下室底板和集水坑施工　　图 3.25　地下车库集水坑盖板

③地漏与明沟联合系统:在地下室面层内做明沟,沟深一般为 100 mm,借助地漏和水管排至集水坑(井),见图 3.24 和图 3.25。底板为梁板形式且较薄的地下室多采用此系统,优点是可以清扫,不破坏构层,造价低;缺点是大量排水时明沟太浅。

④箅子井排水系统:在底板上每隔一定距离设置一个 600 mm×600 mm 的箅子井,通过排水管排至集水坑(井)。任何形式的结构底板均可采用此种排水方式,它是明沟和地漏两种方式结合的变通,既解决了大量排水时的通畅问题,又便于清通,可保持地面平整。

4

墙体构造

[本章导读]

[本章导读]

通过本章学习,应了解建筑内外墙体的围护作用和相关构造要求;了解墙体常用材料和构造措施;了解墙体的节能措施;熟悉不同墙体的类型和构造原理;掌握墙体的加固措施。

4.1 建筑墙体

墙体是建筑的重要组成部分,它起着承受建筑荷载和自重、分隔建筑内部空间、围护建筑内部使之不受外界侵袭和干扰等作用。本章介绍的墙体,以围护墙、隔墙等作为建筑构件的墙体为主,而作为结构构件的墙体(如剪力墙等),不在其中。

4.1.1 墙体类型

①按布置方向,分为纵墙和横墙(山墙),见图4.1(a)。

②按所处位置,分为外墙(外围护墙)、内墙、窗间墙、窗下墙和女儿墙,见图4.1(b)。

③按构造方式,分为实体墙、组合墙和空心墙等,见图4.2。

④按受力方式,分为承重墙和非承重墙,见图4.3。承重墙要承受来自屋面和楼面的荷载和自重;非承重墙(如框架填充墙、轻质隔墙和幕墙等)仅承受自身的重力。

⑤按墙体材料,分为砖墙、石墙、混凝土墙、砌块块墙、板材墙等。

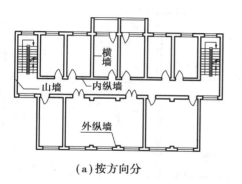

（a）按方向分

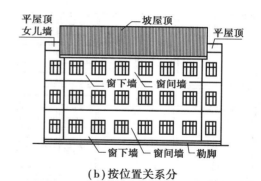

（b）按位置关系分

图4.1　按方向和位置分类

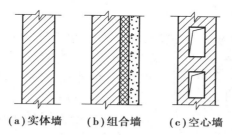

（a）实体墙　　（b）组合墙　　（c）空心墙

图4.2　按构造方式分类

（a）框架填充墙

（b）轻质隔墙

（c）玻璃幕墙

图4.3　非承重墙

4.1.2　墙体的设计要求

1）结构要求

墙体要满足强度与稳定性需要。其中,强度受墙体材料的影响,稳定性受墙的长、高、厚的影响。

墙体的承重方案分为横墙承重方案、纵墙承重方案和纵横墙混合承重方案。

（1）横墙承重方案

横墙承重方案的特点是将板和梁放置在横墙上,楼板荷载由横墙承担。它适用于房间多且开间较小的建筑,如学生公寓等。其建筑横向刚度好,抗震性高,立面开窗比较灵活,见图4.4。

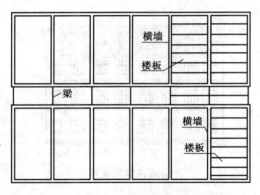

图4.4 横墙承重方案

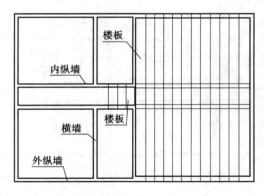

图4.5 纵墙承重方案

（2）纵墙承重方案

纵墙承重方案是将板和梁放置在纵墙上，由纵墙承担荷载的方案。它适用于房间的进深基本相同且符合钢筋混凝土板的经济跨度、开间尺寸比较多样的建筑（如办公楼等）。其房间大小的分隔比较灵活，可以根据需要方便地改变横向隔断的位置。不足的是建筑整体刚度和抗震性能差，立面开窗受限制，见图4.5。

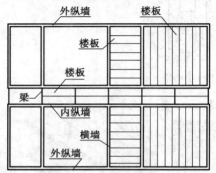

图4.6 纵横墙混合承重方案

（3）纵横墙混合承重方案

纵横墙混合承重方案就是把梁或板同时搁置在纵墙和横墙上。其优点是房间布置灵活，整体刚度好；缺点是所用梁、板类型较多，施工较为麻烦，见图4.6。

无论具体采用哪种方案，都应满足结构对强度、刚度和抗震等方面的要求。

2）功能要求

①保温要求。为满足保温要求，可以在合理的范围内增加外墙厚度，选用轻质多孔材料，采用组合墙等。

②隔声要求：与材料的密度和厚度有关，此二者较大时，隔声效果好。

③其他方面的要求：防火、防水、遮挡各种干扰（如视线干扰、噪声干扰）等。

4.1.3 砌体

砌体是用砂浆等胶结材料将砖、砌块或石块组砌成的形体，如砖墙、石墙及各种砌块墙等。砌体常用块材有烧结砖、石块或砌块等，胶结材料有水泥砂浆和混合砂浆等。

1）块材

（1）烧结砖

烧结砖包括烧结页岩砖、烧结煤矸石砖、烧结粉煤灰砖等，通常尺寸为240 mm×115 mm×53 mm，以前大量使用的烧结黏土砖已逐渐被淘汰。烧结砖的强度按抗压性分为5个等级，见表4.1。

表 4.1　烧结普通砖的强度等级（GB 5101—2003）　　　　　　单位：MPa

强度等级	抗压强度平均值 f	变异系数 $\delta \leqslant 0.21$	变异系数 $\delta > 0.21$
		强度标准值 $f_k \geqslant$	单块最小抗压强度值 $f_{min} \geqslant$
MU30	30.0	22.0	25.0
MU25	25.0	18.0	22.0
MU20	20.0	14.0	16.0
MU15	15.0	10.0	12.0
MU10	10.0	6.5	7.5

（2）小型砌块

砌块依据规格尺寸分为小型、中型和大型。小型砌块块体高度为 115 ~ 380 mm，包括混凝土小型空心砌块、轻骨料混凝土小型空心砌块、蒸压加气混凝土砌块、加气混凝土砌块等。中型砌块块体高度为 380 ~ 980 mm；高度大于 980 mm 的，为大型砌块。我国目前中小型砌块用得较多，大型砌块使用极少。

①混凝土小型空心砌块：以水泥、砂、碎石或卵石、水等预制成，特点是自重轻、热工性能好、抗震性能好、砌筑方便、墙面平整度好、施工效率高等，见图 4.7 和图 4.8。大量用的规格有 390 mm×190 mm×190 mm 和 390 mm×240 mm×190 mm，其他规格详见图 4.9。其强度分为 MU5、MU7.5、MU10、MU15、MU20 五个强度等级。

图 4.7　混凝土小型空心砌块

图 4.8　空心砌块筑墙图

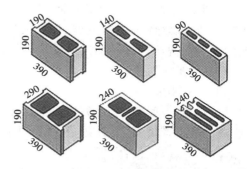

图 4.9　混凝土小型空心砌块规格

②轻骨料混凝土小型空心砌块：以水泥和轻质骨料按一定的配合比拌制成混凝土拌合物，再经成型和养护，制成的轻质墙体材料。轻骨料主要有三类：天然轻骨料（如珍珠岩）、工业废渣轻骨料（如炉渣）、人造轻骨料（如陶粒）等。其强度等级见表 4.2。

表4.2 轻骨料砌块强度等级

强度等级	砌块抗压强度/MPa		密度等级范围/(kg·m⁻³)
	平均值不小于	最小值不小于	
MU2.5	≥2.5	2.0	≤800
MU3.5	≥3.5	2.8	≤1 000
MU5	≥5.0	4.0	≤1 200
MU7.5	≥7.5	6.0	≤1 200 a ≤1 300 b
MU10	≥10.0	8.0	≤1 200 a ≤1 400 b
a.除自然煤矸石掺量不小于砌块质量35%以外的其他砌块			
b.自然煤矸石掺量不小于砌块质量35%的砌块			

注:摘自 GB-T 15229—2011。

图4.10 加气混凝土砌块

③加气混凝土砌块:是在钙质材料(如水泥、石灰)和硅质材料(如砂子、粉煤灰、矿渣)的配料中加入铝粉作加气剂,经加水搅拌、浇注成型、发气膨胀、预养切割,再经高压蒸汽养护而成的多孔硅酸盐砌块,见图4.10。其单位体积质量是黏土砖的1/3,保温性能是其3.4倍,隔音性能是其2倍,抗渗性能在1倍以上,而耐火性能是钢筋混凝土的6.8倍。

加气混凝土砌块的规格(单位为 mm)有:600×300×240,600×300×200,600×300×100,600×250×200,600×240×240,600×240×200,600×240×180,600×240×120,600×240×100,600×200×200 等。

加气混凝土砌块一般用于工业与民用建筑墙体砌筑,主要用于钢筋混凝土框架和钢筋混凝土框架剪力墙结构的高层建筑,以及大型钢结构建筑的墙体填充,用于工业与民用建筑墙体及屋面的保温绝热层。加气混凝土砌块按抗压强度分为 A1.0、A2.0、A2.5、A3.5、A5.0、A7.5、A10.0 七个等级。

(3)中型砌块

以材料分,中型砌块有粉煤灰硅酸盐砌块(图4.11(a))、混凝土空心砌块、加气混凝土砌块、废渣混凝土砌块、石膏砌块(图4.11(b))和陶粒混凝土砌块(图4.11(c))等。

(a)粉煤灰硅酸盐砌块

(b)石膏砌块

(c)陶粒混凝土砌块

图4.11 中型砌块

2)胶结材料

砌体的胶结材料以各种砂浆为主。按作用分,有砌筑砂浆,抹面砂浆,防水砂浆。按材料分,在砂浆中加入水泥成为"水泥砂浆";加入石灰(膏)成为"白灰砂浆"或"石灰砂浆";既加入水泥又加入白灰的,称为"混合砂浆"。

石灰砂浆仅用于强度要求低和干燥的环境,成本比较低;混合砂浆和易性好,操作较方便,有利于提高砌体密实度和工效;水泥砂浆强度较高,应用较广,主要用于基础,长期受水浸泡的地下室以及承受较大外力的砌体。实际工程中常用混合砂浆,地面以上的部位均可采用。

砌筑砂浆按抗压强度划分为 M20、M15、M10、M7.5、M5、M2.5 六个强度等级,强度越高,则强度越高,同时成本也越高。

4.1.4 砌体的组砌方式

(1)砖墙的组砌方式

组砌要求:砂浆饱满、横平竖直、错缝搭接,避免通缝。常用的砌筑方法见图 4.12。

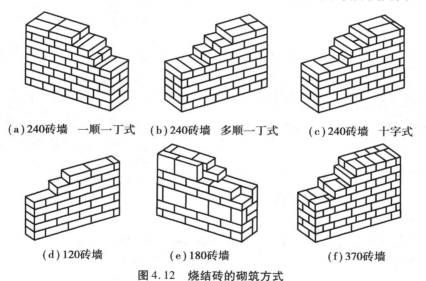

（a）240砖墙 一顺一丁式　　（b）240砖墙 多顺一丁式　　（c）240砖墙 十字式

（d）120砖墙　　（e）180砖墙　　（f）370砖墙

图 4.12　烧结砖的砌筑方式

(2)砌块墙的组砌方式

砌块组砌与砖墙的不同之处是:由于砌块规格较多、尺寸较大,为保证错缝及砌体的整体性,应先做排列设计,并在砌筑中采取加固措施,见图4.13。要求如下:

①砌块整齐、统一,有规律性。

②大面积墙面上下皮砌块应错缝搭接,避免通缝。

③内、外墙的交接处应咬接,使其结合紧密,排列有序。

④尽量多使用主要砌块,并使其砌块总数的 70% 以上。

⑤使用钢筋混凝土空心砌块时,上下皮砌块应尽量孔对孔、肋对肋,以便于穿钢筋灌注构造柱。按墙厚分为 12 墙、18 墙、24 墙、37 墙和 49 墙。

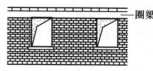

（a）小型砌块排列示例

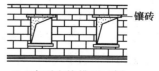

（b）中型砌块排列示例

图 4.13　砌块砌筑方式

4.1.5 砌体尺度

砌体尺度主要指其厚度和长度,除应满足结构和功能要求之外,还需符合块材的规格。根据块材尺寸和数量,再加上灰缝,可组成不同的墙厚和墙段。断面较小的砌体,在设计和施工时要注意其尺寸必须符合砌块的模数,以免施工时过多"砍砖"。

4.1.6 砌体的细部构造

砌体的细部构造包括墙脚构造、门窗洞口构造、加固措施、变形缝构造等。

1)墙脚构造

墙脚是指室内地面以下、基础以上的这段墙体,见图4.14。而外墙的墙脚称为勒脚,勒脚应与散水、墙身水平防潮层形成闭合的防水和防潮系统,以保护外墙脚,见图4.15。墙脚构造做法一般包括墙身防潮、勒脚构造、排水措施。

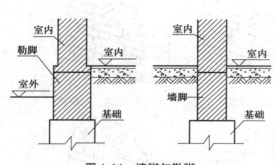

图4.14 墙脚与勒脚

图4.15 外墙勒脚

（1）墙身防潮构造

设置墙身防潮层是为防止土壤中的水分沿基础墙上升(地下潮气上升),以及防止位于勒脚处的地面水渗入墙内(雨水下渗),使墙身受潮。常用防水砂浆、油毡或细石混凝土做防潮层。

防潮层位置有3种情况的水平防潮层:

①内墙两侧出现高差时。同时,在混凝土垫层中部处还要设垂直防潮层(在墙体迎水面处),见图4.16(a)。

②当室内地面垫层为透水材料时。设置在平齐或高于室内地面处,见图4.16(b)。

③当时内垫层为不透水材料时。设置在垫层范围内,应在室内地坪以下60 mm处,同时高于室外地面150 mm,见图4.16(c)。

（2）水平防潮层的构造做法

①防水砂浆防潮层,用1:2水泥砂浆掺3%~5%的防水剂配制成的防水砂浆,也可以用防水砂浆砌筑4~6皮砖,位置一般在室内地坪以下一皮砖处,且在垫层之间,即-0.06处,如图4.14和图4.16所示。用防水砂浆做防潮层较适用于有抗震设防要求的建筑。

②细石混凝土防潮层,常用60 mm厚的配筋细石混凝土防潮带。该做法适用于整体强度

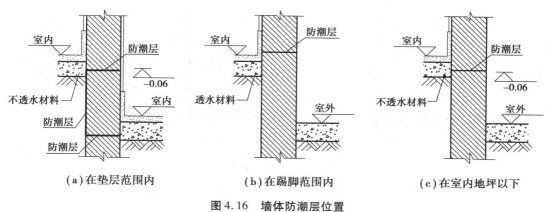

（a）在垫层范围内　　　　　（b）在踢脚范围内　　　　　（c）在室内地坪以下

图4.16　墙体防潮层位置

要求较高的建筑。

③油毡防潮层，在防潮层底部抹20 mm厚的砂浆找平层，再干铺油毡一层或用热沥青粘贴（即"一毡二油"）。油毡防潮层一般用于环境潮湿、使用年限较短的建筑，特别不能用于抗震要求高的建筑，因为油毡做防潮层不能与砌筑砂浆很好地结合，墙体在这个位置类似于出现断层。

④墙脚为条石、混凝土或地圈梁时，可不设防潮层。

（3）垂直防潮层

垂直防潮层做法为：水泥砂浆抹面，外刷冷底子油一道，热沥青两道，位于迎水面。

（4）勒脚构造

勒脚是外墙的墙脚，接地气并易受雨雪侵蚀，需采取加固措施，高度与室内地面平或与底层窗台平。勒脚防潮和加固的构造做法，见图4.17。

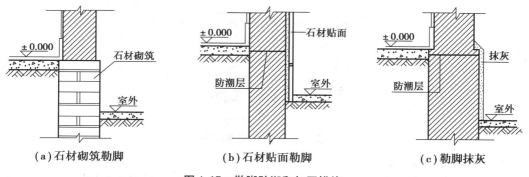

（a）石材砌筑勒脚　　　　　（b）石材贴面勒脚　　　　　（c）勒脚抹灰

图4.17　勒脚防潮和加固措施

（5）外墙脚的排水措施

外墙脚的排水措施主要是借助散水、明沟或暗沟。

①散水：作用主要是保护基础和地基不受雨水的侵害，将雨水排到距建筑物较远的地方，属于自由排水形式，常用构造做法见图4.18。散水宽度应比挑檐多出100～200 mm，宽度一般为600～1 000 mm，坡度为3%～5%。散水与墙体之间应预留缝，再以柔性防水材料嵌缝。

②排水沟：其纵向坡度不宜小于0.5%，沟的最浅处不宜小于150 mm。构造做法有混凝土排水沟、砖砌排水沟、石砌排水沟。明沟做法见图4.19，暗沟做法见图4.20。

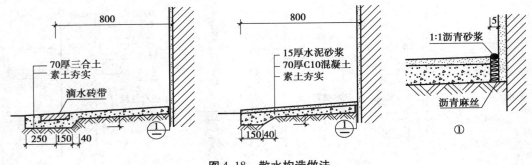

图 4.18 散水构造做法

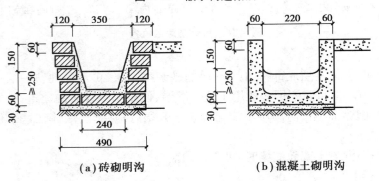

（a）砖砌明沟   （b）混凝土砌明沟

图 4.19 明沟构造做法

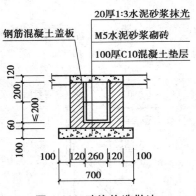

图 4.20 暗沟构造做法

（6）踢脚板和墙裙

踢脚板：位于室内地面与墙面相交处，保护墙体不受污染，材料同地面材质，高度为 100 ~ 150 mm。

墙裙：踢脚板的延伸，高度为 1 200 ~ 1 800 mm。

2）门窗洞口构造

门窗洞口构造主要是指门窗过梁和窗台的构造。

（1）门窗过梁构造

过梁是常在门窗洞口上设置的横梁。门窗过梁的作用是承担洞口上方的荷载，再把荷载传给洞口两侧墙体或柱子。过梁的主要类型有：

①钢筋混凝土过梁，见图 4.21。

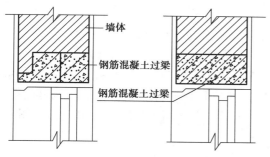

图 4.21 钢筋混凝土过梁

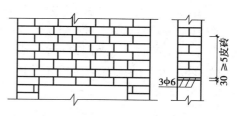

图 4.22 钢筋砖过梁

②钢筋砖过梁,位于门窗口上方,是将砖与墙体一样平砌,在下皮或两皮砖内配以 6 ~ 8 mm 的钢筋,钢筋砖过梁也因此得名,一般用在不重要的房屋和部位,见图 4.22。

③平拱砖过梁,是在门窗口上方过梁的位置将砖侧砌,灰缝上宽下窄,使侧砖向两侧倾斜,相互挤压成拱,靠砖砌体承重的过梁形式,也称砖券(立砖斜砌)。平拱的高度 ≥240 mm,灰缝上宽 ≤20 mm,下宽 ≥5 mm,拱两端插入墙体 20 ~ 30 mm,中间起拱高度约为跨度 L 的 1/50,跨度 L≤1.2 mm。砖券分为平券和拱券两种,均不配钢筋。砖过梁一般多指平券,现基本很少用了。有的过梁还带有窗楣板,以挡雨、遮阳,甚至作为防火板。

(2)窗台构造

窗台构造的作用是排水、防渗、保护墙面免受污染,其类型有钢筋混凝土预制板、平砌挑砖、侧砌挑砖等,分别详见图 4.23(a)、(b)、(c)。内墙或阳台处、外墙为面砖时,可不设挑窗台。

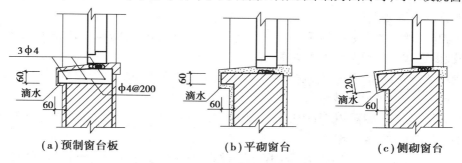

(a)预制窗台板　　　　(b)平砌窗台　　　　(c)侧砌窗台

图 4.23 窗台常用构造做法

3)墙身加固措施(抗震措施)

(1)门垛和壁柱

门垛和壁柱的主要作用,一是增加墙身的稳定性,二是增加墙体局部的抗压强度。由于尺度较小,设计时应注意符合砌体的模数,避免现场施工时"砍砖",见图 4.24。

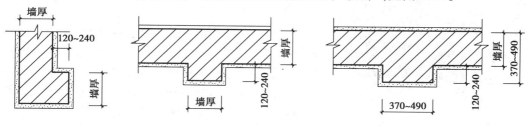

图 4.24 墙垛与壁柱尺寸

（2）圈梁

圈梁是沿房屋外墙、内纵承重墙和部分横墙在墙体内设置的连续闭合的梁。

①作用：增加房屋的整体性和稳定性、减轻地基不均匀下沉或抵抗地震力作用。

②构造要点：连续，封闭（交圈闭合），应处于同一水平高度并且闭合，外墙处与板平，内墙处在板下。圈梁有时可代替门窗过梁，其断面尺寸、宽度与墙厚一致，高度符合砖或砌体的模数，一般为240 mm。圈梁因墙上开口等原因不能连续时，应采取附加圈梁搭接的措施，见图4.25（b）。

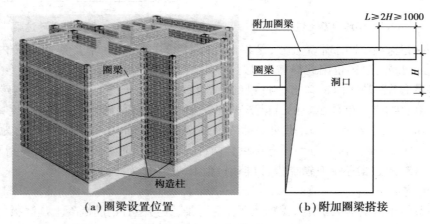

（a）圈梁设置位置　　　　　（b）附加圈梁搭接

图4.25　圈梁的设置

③圈梁的设置要点如下：

a. 砖砌体房屋，檐口标高为5～8 m时，应在檐口标高处设置圈梁一道；檐口标高大于8 m时，应增加设置数量。圈梁设置详见图4.25（a）。

b. 砌块及料石砌体房屋，檐口标高为4～5 m时，应在檐口标高处设置圈梁一道；檐口标高大于5 m时，应增加设置数量。

c. 对有吊车或较大振动设备的单层工业房屋，除在檐口或窗顶标高处设置现浇钢筋混凝土圈梁外，尚应增加设置数量。

d. 宿舍、办公楼等多层砌体民用房屋，且层数为3～4层时，应在檐口标高处设置圈梁一道；当层数超过4层时，应在所有纵横墙上隔层设置。

e. 多层砌体工业房屋，应每层设置现浇钢筋混凝土圈梁。

图4.26　构造柱与圈梁

f. 设置墙梁的多层砌体房屋，应在托梁、墙梁顶面和檐口标高处设置现浇钢筋混凝土圈梁，其他楼层处应在所有纵横墙上每层设置。

（3）构造柱

构造柱不是结构构件，属于构造措施。通常在边角和墙交接处，以及过长的墙的中间等位置浇注一些柱子，与圈梁结合，可增强砌体的抗震性能。

①作用：增强墙体的稳定性或局部强度，增强建筑的抗震性能，防止建筑局部破坏或整体倒塌。

②构造要点：断面尺寸设计由结构工种确定，且厚度

一般同墙体。构造柱要与圈梁地梁、基础梁整体浇筑,与砖墙体要有水平拉接筋连接。如果构造柱在建筑物、构筑物的中间位置,要与分布筋做连接,见图4.26。

4.2 幕墙构造

幕墙是悬挂于主体结构上的外墙,因为类似悬挂的幕布而得名。幕墙不承重但要承受风荷载,并通过连接件将自重和风荷载传给主体结构。

幕墙装饰效果好、安装速度快,是外墙轻型化、装配化的理想形式。常见的幕墙种类有玻璃幕墙、铝板幕墙、石材幕墙和复合板幕墙等。

4.2.1 玻璃幕墙

玻璃幕墙分为框支承玻璃幕墙、全玻幕墙、点支承玻璃幕墙几种类型。

1)框支承玻璃幕墙

框支承玻璃幕墙又分为明框玻璃幕墙、半隐框玻璃幕墙、隐框玻璃幕墙,这与选用的支承框的种类有关;按其安装施工方法,又可分为构件式玻璃幕墙和单元式玻璃幕墙。

(1)明框玻璃幕墙

明框玻璃幕墙的特点是玻璃镶嵌在铝框内,成为四边有铝框的幕墙构件,幕墙构件固定在横梁上,形成横梁立柱外露,铝框分格明显的立面,见图4.27。明框玻璃幕墙因工作性能可靠,应用最广泛,相对于隐框玻璃幕墙,它更易满足施工技术水平要求。

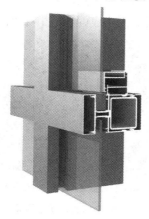

图4.27 明框玻璃幕墙　　　　　图4.28 半隐框玻璃幕墙

(2)半隐框玻璃幕墙

半隐框玻璃幕墙分横隐竖不隐或竖隐横不隐两种,其特点是:一对应边用结构胶黏接成玻璃装配组件,而另一对应边采用铝合金镶嵌槽玻璃装配的方法,见图4.28。玻璃所受各种荷载,总有一对应边负责通过结构胶传给铝合金框架,而另一对应边由铝合金型材镶嵌槽传给铝合金框架,从而避免形成一对应边承受玻璃全部荷载。

(3)隐框玻璃幕墙

隐框玻璃幕墙的特点是依靠结构胶,把热反射镀膜玻璃黏结在铝型材框架上,外面看不到型材框架。结构胶要承受玻璃的自重、所承受的风荷载和地震作用以及温度变化的影响，因此结构胶是隐框幕墙安全性的关键环节。结构胶必须能有效地黏结所有与之接触的材料（玻璃、铝材、耐候胶、垫块等），这称为相容性，见图 4.29 和图 4.30。

后装密封条和密封胶

图 4.29　隐框玻璃幕墙

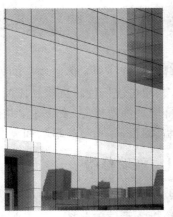

图 4.30　隐框幕墙外观

2）全玻幕墙

全玻幕墙是由玻璃肋和玻璃面板构成的玻璃幕墙，肋玻璃垂直于面玻璃设置，见图 4.31。

全玻幕墙的玻璃固定有两种方式，即下部支承式和上部悬挂式（图 4.32）。

3）点支承玻璃幕墙

点支承玻璃幕墙是由玻璃面板、支承装置（驳接爪）和支承结构构成的，见图 4.33。

图 4.31　玻璃肋和玻璃面板

图 4.32　悬挂式玻璃幕墙

图 4.33　玻璃肋点支承玻璃幕墙的驳接爪

4.2.2　石材幕墙

石材幕墙由石板和支承结构（铝横梁立柱、钢结构、玻璃肋等）组成，是不承担荷载作用的建筑围护结构。根据石材面板的连接方式不同，可分为槽式、背栓式和钢销式 3 种常用的安装方式。

①槽式石材幕墙，是在石材背面嵌入专用的背槽式锚固件，锚固件与石材的接触面积较大，锚固方式合理，锚固时不产生集中应力，锚固点的承载力大，可靠性高（图 4.34）。

②背栓式石材幕墙，是通过双切面抗震型后切锚栓、连接件将石材与骨架连接的一种石

材幕墙。板材之间独立受力,独立安装,独立更换,节点做法灵活;对石板的削弱较小,减少了连接部位石材的局部破坏,使石材面板有较高的抗震能力;可准确控制石材与锥形孔底的间距,确保幕墙的表面平整度;工厂化施工程度高,板材上墙后调整工作量少(图4.35)。

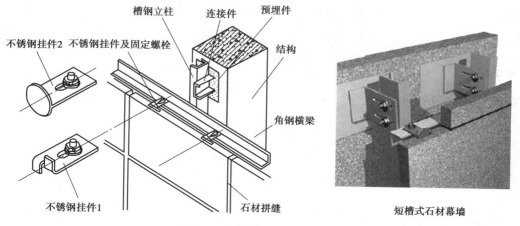

图 4.34 背槽式石材幕墙构造

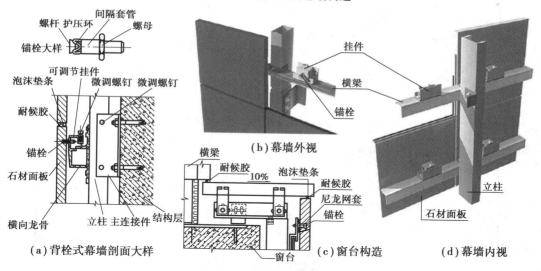

图 4.35 背栓式石材幕墙构造

③钢销式石材幕墙是在石材上、下边打孔,用安装在连接板上的钢销插入孔中,再使石板材固定安装在结构体系上(图4.36)。

④其他干挂石材做法,因连接构件不同而有所区别,成为不同系列,详见图4.37。

4.2.3 金属及金属复合板幕墙

金属和金属复合板幕墙常采用框支承结构,详见图4.38。

(1)铝板幕墙

铝板幕墙外形美观,自重仅为大理石的 1/5 和玻璃幕墙的 1/3,大幅度减少了建筑结构和基础的负荷,而且维护成本低,因此性能价格比较高。铝单板幕墙采用优质高强度铝合金板材,其常用厚度为 1.5,2.0,2.5,3.0 mm。

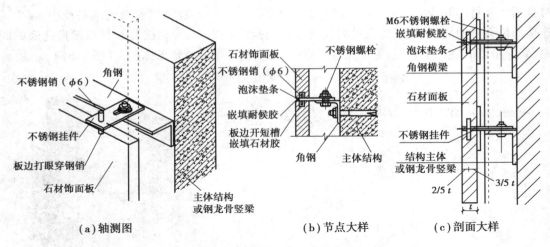

不锈钢销（φ6）
角钢
不锈钢挂件
板边打眼穿钢销
石材饰面板

（a）轴测图

石材饰面板
不锈钢销（φ6）
泡沫垫条
嵌填耐候胶
板边开短槽嵌填石材胶
角钢
不锈钢螺栓
主体结构
主体结构或钢龙骨竖梁

（b）节点大样

M6不锈钢螺栓
嵌填耐候胶
泡沫垫条
角钢横梁
石材面板
不锈钢挂件
结构主体或钢龙骨竖梁
2/5 t
3/5 t
t

（c）剖面大样

图 4.36　钢销式石材幕墙构造

名称	挂件图例	干挂形式	适用范围	名称	挂件图例	干挂形式	适用范围
T型			适用于小面积内外墙	SE型	S型 E型		适用于大面积内外墙
L型			适用于幕墙上下收口处	固定背栓			适用于大面积内外墙
Y型			适用于大面积外墙	可调挂件	R型 SE型 背栓		适用于高层大面积内外墙
R型			适用于大面积外墙				

图 4.37　其他干挂石材系列的连接构件

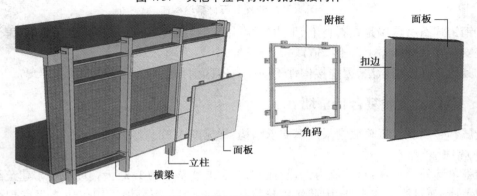

附框
面板
扣边
角码
面板
立柱
横梁

图 4.38　金属及复合板幕墙安装示意

（2）复合铝板（铝塑板）

复合铝板也称铝塑板，见图4.39。复合铝板由内外两层0.5 mm的纯铝板（室内用为0.2~0.25 mm），中间夹层为3~4 mm厚的聚乙烯（PE或聚氯乙烯PVC），经辊压热合而成。板的规格通常为1 220 mm×2 440 mm×4.6 mm。复合铝板在安装前，首先要根据幕墙的设计尺寸裁板，此时要考虑折边加放的尺寸（每边加放30 mm左右），裁好的复合板需要四边切去一定宽度的内层铝板和塑料层，仅剩0.5 mm厚的外层铝板，然后向内折90°形成"扣边"，使墙板形成"扣板"，再用L铝型材等制作挂件，将四扣边与挂件用拉铆的形式连接成一体，每边有3~4个挂件，最后通过螺丝或铆钉安装在龙骨上，在缝隙中安装密封条和耐候胶，做成幕墙。其安装原理见图4.40。质量要求更高的幕墙，还会在扣板内部采用铝材附框或背衬等附件。

图4.39　铝塑板幕墙

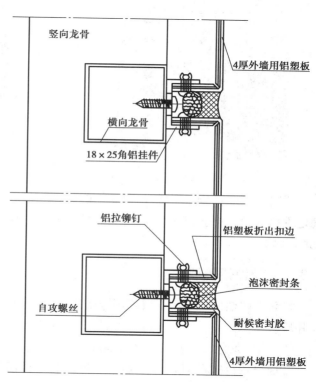

图4.40　铝塑板幕墙节点

4.3　隔墙构造

隔墙是建筑内部的非承重构件，用以分隔空间或隔绝干扰。

设计要求隔墙自重轻、厚度薄、刚度高和稳定性好、便于安装和拆卸、隔声、防火、防水和防潮。常用的种类有块材隔墙、轻骨架隔墙和板材隔墙。

4.3.1　块材隔墙

块材隔墙是指用普通砖、空心砖、加气混凝土等块材砌筑而成的隔墙,常用的有普通砖隔墙和砌块隔墙。

①普通砖隔墙:一般为半砖(120 mm)隔墙(顺砌)。优点是:坚固耐久、隔声较好。缺点是:自重大,湿作业多,施工麻烦,见图4.41。

图4.41　砖砌隔墙

图4.42　砌块隔墙

②砌块隔墙:优点是:质轻、隔热性能好。缺点是:隔声差、吸水性强。构造要点是为加强稳定性措施,墙下先砌3～5皮烧结砖,墙顶斜砌立砖,必要时设置构造柱,以增强其稳定性,见图4.42。

4.3.2　轻骨架隔墙

轻骨架隔墙由骨架和面层两部分组成,又称为立筋式隔墙。

①骨架(龙骨或强筋):有木骨架和型钢骨架。

②面层:有抹灰面层(板条抹灰)和人造板材面层(纸面石膏板用得多)。

现在用得最多的是轻钢龙骨,面层采用纸面石膏板或其他板材,一般龙骨层厚110 mm,可以在两面安装12 mm厚的墙面用纸面石膏板,形成墙体的造型,在此基础上再做饰面效果,见图4.43。

图4.43　轻钢龙骨纸面石膏板

4.3.3　板材隔墙

板材隔墙是不依赖骨架、直接装配而成的隔墙,如加气混凝土条板、石膏条板、碳化石灰板、硅镁板和硅钙板等。其特点是自重轻、施工快、标准化和湿作业少,见图4.44。

（a）隔墙外观

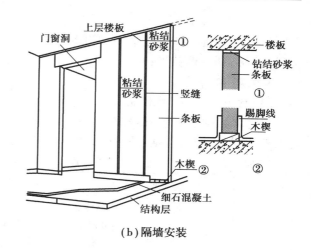

（b）隔墙安装

图 4.44　板材隔墙

4.4　墙面装修

墙面装修的作用是对墙体进行保护,使墙面美观。

墙面装修的类型,根据其位置分为外墙装修和内墙装修;根据材料和做法分为抹灰类、涂料类、贴面类、钉挂类和裱糊类等。

4.4.1　抹灰类墙面装修

抹灰类墙面装修是用砂浆涂抹在空间界面上的一种初步装修工程,在此基础上可做各种饰面。抹灰可增强建筑的防潮、保温和隔热性能,改善室内环境和保护建筑主体等。

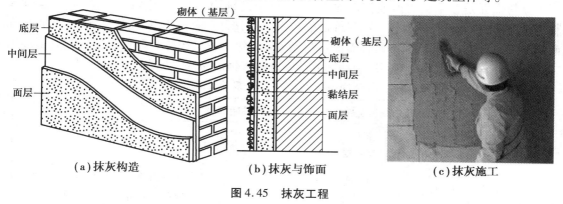

（a）抹灰构造　　　（b）抹灰与饰面　　　（c）抹灰施工

图 4.45　抹灰工程

（1）抹灰的组成

抹灰一般分底灰、中灰、面灰 3 个层次,见图 4.45（a）。有其他饰面层的,墙面构造层次会更多,见图 4.45（b）。抹灰要求施工后墙面平整,黏结牢固、色彩均匀、不开裂。抹灰施工主要是手工操作,见图 4.45（c）。

（2）各层次的作用

● 底灰(刮糙)：与基层黏结和初步找平；

● 中灰：进一步找平；

● 面灰：装饰美观。

（3）常用抹灰种类和做法

常用抹灰种类分为一般抹灰(包括石灰砂浆、水泥砂浆、混合砂浆或纸筋石灰浆等,详见表4.3)和装饰抹灰(包括水刷石、水磨石、斩假石、干黏石、弹涂等)。

表4.3　常用抹灰做法

抹灰类型	抹灰做法
纸面石灰浆抹灰	墙体； 8 厚 1：2.5 石灰砂浆,加麻刀 1.5% 打底 7 厚 1：2.5 石灰砂浆,加麻刀 1.5% 找平 2 厚纸筋石灰浆,加纸筋 6%
水泥砂浆抹灰	墙体； 7 厚 1：3 水泥砂浆打底扫毛 6 厚 1：3 水泥砂浆垫层找平 5 厚 1：2.5 水泥砂浆罩面压光
混合砂浆抹灰	墙体； 9 厚 1：1：6 水泥石灰砂浆打底扫毛 7 厚 1：1：6 水泥石灰砂浆垫层找平 5 厚 1：3：2.5 水泥石灰砂浆罩面压光

4.4.2　涂料类墙面装修

涂料饰面是在基层表面或抹灰面上喷、刷涂料的饰面装修,常用溶剂型涂料、水溶性涂料、乳液型涂料和粉末涂料等。涂料饰面的施工一般分为底涂、中涂和面涂。例如,乳胶漆饰面的施工工艺为：清理墙面→修补墙面→刮腻子→刷第一遍乳胶漆→刷第二遍乳胶漆→刷第三遍乳胶漆。常用几种典型基层及抹灰的墙面乳胶漆饰面做法,见表4.4。

表4.4　不同基层及抹灰的墙面乳胶漆饰面做法

基层类别	做法(由基层至面层)	燃烧性能等级	备　注
保温基层刷乳胶漆	墙体； 6 厚 1：3 水泥砂浆垫层； 黏结层； 保温层； 玻璃纤维网保护层； 纸面石膏板或水泥砂浆层； 满刮腻子三遍,找平,磨光； 防潮底漆一道； 刷乳胶漆	B1,B2	当采用聚苯挤塑板时,应用增强型石膏抹面 8～10 mm 厚。 当乳胶漆湿涂覆比<1.5 kg/m²时,为 B1 级。

基层类别	做法（由基层至面层）	燃烧性能等级	备　　注
水泥砂浆面刷乳胶漆	墙体； 6 厚 1∶3 水泥砂浆垫层； 5 厚 1∶2.5 水泥砂浆罩面压光； 满刮腻子一道砂磨平； 刷乳胶漆	B1	
混合砂浆面刷乳胶漆	墙体； 9 厚 1∶1∶6 水泥石灰砂浆打底扫毛； 7 厚 1∶1∶6 水泥石灰砂浆垫层； 5 厚 1∶0.3∶2.5 水泥石灰砂浆罩面压光； 刷乳胶漆	B1,B2	当乳胶漆湿涂覆比<1.5 kg/m² 时，为 B1 级。
保温基层刷乳胶漆	墙体； 6 厚 1∶3 水泥砂浆垫层； 黏结层； 保温材料（材质与厚度视具体情况定）； 玻纤网保护层； 纸面石膏板或水泥砂浆层； 满刮腻子三遍找平,磨光； 防潮底漆一道； 刷乳胶漆		
难燃型层板喷涂料	墙体； 6 厚 1∶3 水泥砂浆抹平； 层板面层； 满刮腻子三遍找平,磨光； 防潮底漆一道； 108 胶水溶液一道； 喷涂料		
纸面石膏板喷涂料	墙体； 6 厚 1∶3 水泥砂浆找平； 纸面石膏板； 满刮腻子三遍找平,磨光； 108 胶水溶液一道； 喷涂料		

续表

基层类别	做法（由基层至面层）	燃烧性能等级	备 注
水泥砂浆面喷涂料	墙体； 7 厚 1：3 水泥砂浆打底扫毛； 6 厚 1：3 水泥砂浆垫层； 5 厚 1：2.5 水泥砂浆罩面压光； 满刮腻子一道磨平； 喷涂料		
混合砂浆面喷涂料	墙体； 9 厚 1：1：6 水泥石灰砂浆打底扫毛； 7 厚 1：1：6 水泥石灰砂浆垫层； 5 厚 1：0.3：2.5 水泥砂浆罩面压光； 满刮腻子一道磨平； 喷涂料		
油漆墙面	墙体； 7 厚 1：3 水泥砂浆打底扫毛； 7 厚 1：2.5 水泥砂浆找平； 5 厚 1：2 水泥砂浆找平压光； 满刮腻子一遍，找平磨光； 刷亚光油漆二遍		
海藻泥饰面	墙体及抹灰层； 满刮腻子两遍砂光； 海藻泥底漆一道； 海藻泥面漆两遍磨光		
硅藻泥饰面	墙体及抹灰层； 高弹腻子补平抹灰面； 批刮耐水腻子三道磨光； 平抹 1.5 厚硅藻泥一道； 抹涂 1.5 厚硅藻泥一道并做图案		
丙烯酸涂料弹涂饰面	墙体及抹灰层； 耐水腻子两道，砂平； 滚涂底漆二遍，涂层均匀； 中涂一道，胶辊压平； 丙烯酸面漆二道		

4.4.3 贴面类墙面装修

贴面类装修是用水泥砂浆等粘贴材料,将饰面材料粘贴于墙面的装修做法。主要饰面材料有各类陶瓷面砖、马赛克和石材等。贴面类装修主要分为打底找平、敷设黏结层及铺贴饰面3个构造层次。一些具体做法及构造层次见表4.5。

表4.5 几种贴面材料做法及构造层次

基层或贴面类别	做法(由基层至面层)	燃烧性能等级	备 注
瓷砖墙面	墙体; 10厚1:3水泥砂浆(加适量建筑胶); 8厚1:2水泥砂浆黏结层; 5~7厚瓷砖或彩釉砖面层	A	
外墙面砖	墙体; 7厚1:3水泥砂浆打底扫毛; 6厚1:2.5水泥砂浆垫层; 7厚1:2水泥砂浆结合层; 10厚外墙面砖; 色浆或瓷砖勾缝剂勾缝	A	
保温基层贴陶瓷锦砖	墙体; 9厚1:3水泥砂浆打底,两次成活; 8厚1:2水泥砂浆黏结层(加适量建筑胶); 保温层材料塑料锚栓固定; 5厚聚合物水泥砂浆,压入耐碱玻纤网格布; 6厚1:2水泥砂浆黏结层(加适量建筑胶); 4~4.5厚陶瓷锦砖; 色浆或瓷砖勾缝剂勾缝	B1,B2	塑料锚栓呈梅花状布置,间距≤450 mm,锚入基层深度≥25 mm,为空心砖体时,设计应对墙体作专门处理
粘贴大理石	墙体; 10厚1:3水泥砂浆打底扫毛,两次成活; 7厚1:2水泥砂浆黏结层(加适量建筑胶); 粘贴10~15厚大理石板;板材背面玻纤网贴环氧树脂粘石英砂,并作石材封闭处理; 强力胶粘贴; 色浆擦缝; 表面擦净,抛光,耐候胶勾缝		

续表

基层或贴面类别	做法(由基层至面层)	燃烧性能等级	备 注
外墙砖饰面	墙体; 7厚1:3水泥砂浆打底扫毛; 6厚1:2.5水泥砂浆垫层; 7厚1:2水泥砂浆黏结层; 10厚外墙饰面砖,色浆或瓷砖勾缝剂搽缝		
墙面粘贴石板	墙体; 10厚1:3水泥砂浆打底扫毛,两遍成活; 7厚1:2水泥砂浆结合层; 粘贴10~15厚石板,板材背面玻纤网涂环氧树脂粘做封闭处理; 专用强力胶点粘板材; 色浆擦缝,表面擦净,抛光,耐候胶勾缝		
墙面挂贴石板 (湿挂)	墙体; 在混凝土墙体上钻孔,打入φ6钢筋,长120伸出15,双向中距按板材尺寸; 绑扎或电焊φ6双向钢筋网,双向中距按石板尺寸; 安装20~25厚石板,密缝,石材上口钻2~3个孔,用双股18号铜丝绑牢在钢筋网上,石材下口用2~4铜销锚在下部石材上; 30~35厚1:2水泥砂浆分层灌注,插捣密实; 表面擦净,抛光,耐候胶勾缝		
保温基层 石板饰面	墙体; 6厚1:3水泥砂浆垫层黏结层; 保温层材质及厚度视具体情况定; 10厚聚合物水泥砂浆,压入0.8厚镀锌钢丝网,塑料锚栓固定; 粘贴10~15厚石板,板材背面玻纤网涂环氧树脂粘做封闭处理,专用强力胶点粘板材; 色浆擦缝,表面擦净,抛光		

基层或贴面类别	做法(由基层至面层)	燃烧性能等级	备注
墙体碎石贴面	墙体; 10厚1:3水泥砂浆打底扫毛分两次抹,二遍成活; 7厚1:2水泥砂浆找平; 专用石材胶粘贴15~20厚碎块石片(块); 灰缝抹平		
保温基层碎石饰面	墙体; 6厚1:3水泥砂浆找平层; 黏结层(特用黏结剂); 保温层材质及厚度视具体情况定; 10厚聚合物水泥砂浆,压入3.8厚镀锌钢丝网; 专用聚合物砂浆面层; 6厚1:3水泥砂浆找平层; 粘贴10厚碎块石板(石材专用黏结胶); 色浆擦缝,灰缝抹平		
钢筋混凝土基层外墙湿贴石板	钢筋混凝土墙; 纯水泥浆一道; 20~25厚1:2.5水泥砂浆分层抹压平整; 砂浆中部加一道φ0.7@10×10 mm钢丝网,铆钉间距200 mm×200 mm固定; 10厚益胶泥黏结层; 15~20厚石板; 中性硅酮胶封缝		
砌块砖基层外墙湿贴石板	砖墙; 25厚1:2.5水泥砂浆分层抹压平整; 砂浆中部加一道φ0.7@10 mm×10 mm钢丝网,铆钉间距200 mm×200 mm固定; 10厚益胶泥黏结层; 15~20厚石板; 中性硅酮胶封缝		

续表

基层或贴面类别	做法(由基层至面层)	燃烧性能等级	备　注
保温基层面饰文化石	墙体; φ6 钢筋纵横@1 000 锚入墙内; 保温层; φ4 钢筋 200×200 网片与 φ6 锚筋连接; 钢丝网绑扎与钢筋网上; 20 厚 1:3 水泥砂浆粘贴; 文化石饰面		

4.4.4　钉挂类墙面装修

　　钉挂类装修是以附加的骨架固定或吊挂饰面板材的装修做法,如天然或人工石材、木板、金属板安装等。骨架有轻钢骨架、铝合金骨架以及木骨架等。骨架与面板之间采用拴挂法或钉挂法连接。前者例如干挂石材墙面,后者一般用于木装修(图 4.46)。常用钉挂类墙面构造做法详见表4.6。

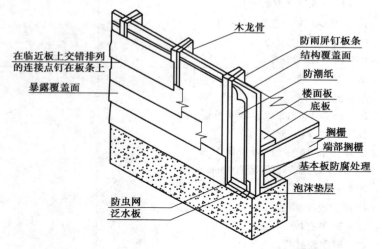

图 4.46　木板钉挂

表 4.6　常用钉挂类墙面构造做法

基层或贴面类别	做法(由基层至面层)	燃烧性能等级	备　注
干挂石材饰面	墙体; 金属连接件; 20~25 厚石板; 耐候胶嵌缝; 表面处理		

续表

基层或贴面类别	做法(由基层至面层)	燃烧性能等级	备 注
混凝土柱 外挂弧面石材	柱体; 角钢制作龙骨架,外围水平投影呈多边形, 膨胀螺栓固定于柱; 背槽式石材锚固件焊牢; 挂接弧形石板,石板挂点上下每边≥2点; 缝隙处理; 打磨抛光		
皮革硬包墙面2	墙体; 防潮层; 25×45木龙骨纵横间距406; 木夹板钉固; 借助电化铝帽头钉或压条钉固皮革		

(1)柱面干挂石板

柱面常用弧面石材干挂,常用做法详见图4.47、图4.48和图4.49。

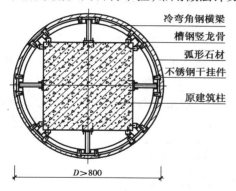

图4.47　方柱干挂石板平面

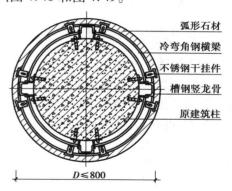

图4.48　圆柱干挂石板平面

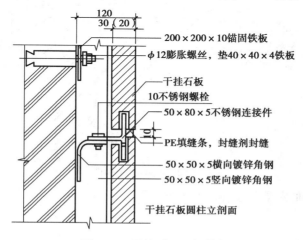

图4.49　干挂弧面石板节点

（2）干挂清水混凝土板

清水混凝土挂板是新型的装饰材料，也是目前行业中比较新颖的产品，可用于任何建筑的装饰。预制清水混凝土挂板生产周期短，生产速度快，安装过程简单，质量易于控制。其构造做法之一详见图4.50及图4.51。

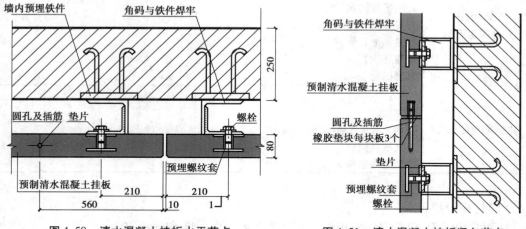

图 4.50　清水混凝土挂板水平节点　　　图 4.51　清水混凝土挂板竖向节点

4.4.5　裱糊类墙面装修

裱糊类墙面装修主要用于建筑内墙，是将卷材类软质饰面材料粘贴到平整基层上的装修做法。裱糊类墙面的饰面材料种类很多，常用的有墙纸、墙布、锦缎、皮革、薄木等，见图4.52。裱糊类饰面装饰性强、施工简便、效率高、维修更换方便。裱糊类墙面装修在施工前必须对基层进行处理，处理后的基层应坚实牢固，平整光洁，线脚通畅顺直，不起尘，无砂粒和孔洞。

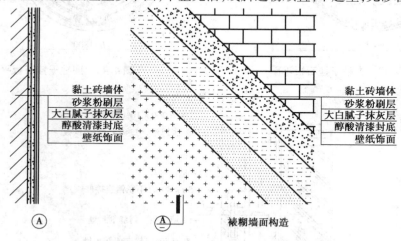

图 4.52　裱糊墙面构造

常用的裱糊类墙面装修构造做法详见表4.7。

表 4.7 裱糊类墙面

基层或贴面类别	做法(由基层至面层)	燃烧性能等级	备 注
水泥砂浆面贴墙纸	墙体; 7 厚 1:3 水泥石灰砂浆打底扫毛; 6 厚 1:2.5 水泥砂浆垫层; 5 厚 1:2 水泥砂浆找平,罩面压光; 粘贴墙纸		
纸面石膏板面贴墙纸	龙骨; 6 厚 1:3 水泥石灰砂浆找平; 纸面石膏板; 满刮腻子三遍找平,磨光; 防潮底漆一道; 粘贴墙纸		
层板面贴墙纸	墙体; 6 厚 1:3 水泥石灰砂浆打底(或龙骨); 难燃型胶合板钉牢; 满刮腻子三遍找平,磨光; 防潮底漆一道; 粘贴墙纸		
保温基层贴墙纸	墙体; 9 厚 1:2.5 水泥砂浆打底,二遍成活; 8 厚 1:2 水泥砂浆黏结层; 保温材料(材质与厚度视情况定); 5 厚聚合物水泥砂浆,压耐碱玻纤网格布,找平; 满刮腻子三遍找平,磨光; 防潮底漆一道; 粘贴墙纸		
薄木贴面	墙体; 7 厚 1:3 水泥石灰砂浆打底扫毛; 6 厚 1:2.5 水泥砂浆垫层; 5 厚 1:2 水泥砂浆找平,罩面压光; 粘贴薄木片,熨斗熨平		
皮革硬包墙面 1	墙体埋木砖或设木钉(≥ϕ10); 防潮层; 木夹板基层钉固,油腻子嵌缝; 满刮腻子二遍磨平; 清油一遍; 氯丁胶粘贴皮革面料; 固定贴脸板或装饰条		

4.4.6 木装修墙面

木装修墙面是采用木材、竹材及木质人造板材,对墙面进行装饰。它主要包括以下类型:

①木板墙:是采用木板、胶合板、纤维板、木丝板和塑木板等,对墙面进行装饰。它常用于内墙护壁或其他特殊部位,使人感觉温暖亲切、舒适,纹理色泽质朴、高雅。

②木条墙:在回风口、送风口等墙面常用硬木格条进行遮饰。

③竹护壁:竹材表面光洁、细密,富有弹性和韧性,别具一格,但易腐烂、虫蛀、开裂,因此要进行防腐、防裂处理。一般选择直径为 20 mm 的均匀竹材,整圆或半圆做墙面,直径较大的可剖成竹片做面层。

④吸声墙面:用于吸声、扩声、消声等墙面时,常用穿孔夹板、软质纤维板、装饰吸声板、硬木格条等,并在木筋之间填塞玻璃棉、矿棉、石棉或泡沫塑料块等吸声材料。会议室等场所,常用成品 MLS 吸声扩散板装饰。木装修的一些典型构造做法,详见表4.8。

表4.8　木装修的典型构造做法

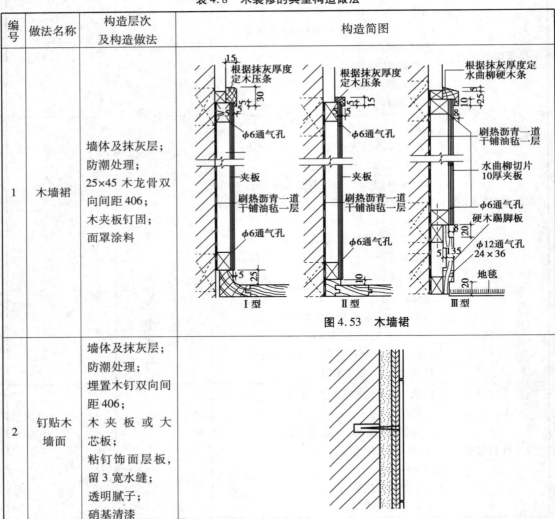

编号	做法名称	构造层次及构造做法	构造简图
1	木墙裙	墙体及抹灰层; 防潮处理; 25×45 木龙骨双向间距406; 木夹板钉固; 面罩涂料	图4.53　木墙裙
2	钉贴木墙面	墙体及抹灰层; 防潮处理; 埋置木钉双向间距406; 木夹板或大芯板; 粘钉饰面层板,留3宽水缝; 透明腻子; 硝基清漆	

编号	做法名称	构造层次及构造做法	构造简图
3	架空木墙面	墙体及抹灰层； 防潮处理； 25×45 木龙骨双向间距405； 大芯板钉固； 粘钉饰面层板； 修边机开槽做人造肌理； 透明腻子； 硝基清漆	
4	硬木格条饰面	墙体及抹灰层； 防潮层； 50×50 木龙骨双向间距 406； 木夹板基层； 造型木条组合面层； 油漆罩面	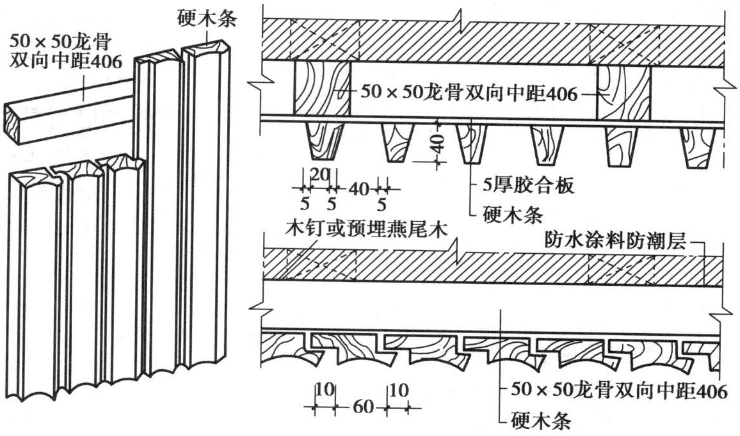 图 4.54　硬木格条饰面
5	竹条饰面	墙体设木钉或预埋防腐木砖； 45×45 木龙骨双向中距406； 五层板基层； 圆竹席纹或半圆竹席纹面层，竹钉固定； 面罩清漆	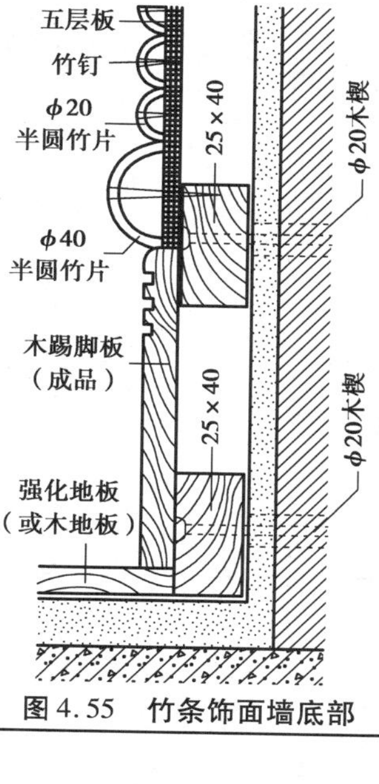 图 4.55　竹条饰面墙底部 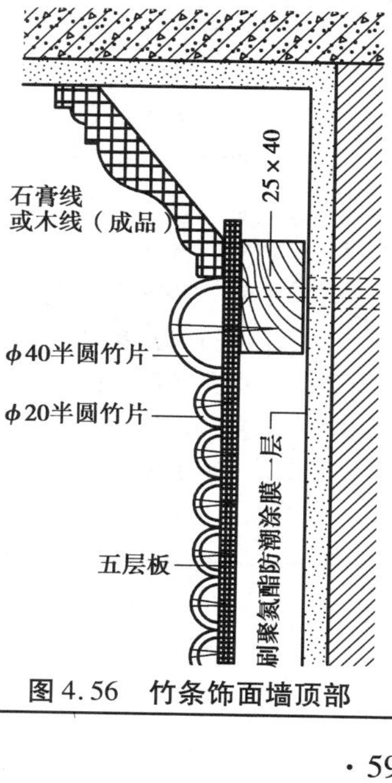　　图 4.56　竹条饰面墙顶部

续表

编号	做法名称	构造层次及构造做法	构造简图
5	竹条饰面	墙体设木钉或预埋防腐木砖；45×45 木龙骨双向中距 406；五层板基层；圆竹席纹或半圆竹席纹面层，竹钉固定；面罩清漆	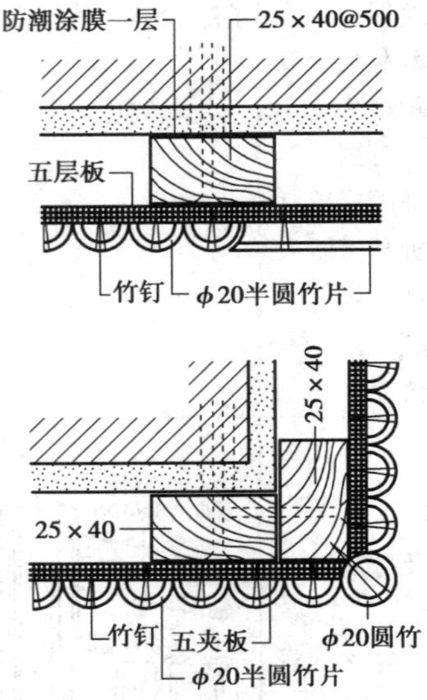 图 4.57 竹条饰面墙节点
6	穿孔板吸音墙面	墙体；9 厚 1：2.5 水泥石灰砂浆找平，两次成活；刷聚氨酯防潮涂膜一道；30×40 木筋（正面刨光），木筋刷氯化钠防腐剂，双向中距 406×406，空格中填 40 厚超细玻璃棉袋穿孔吸音板钉牢（穿孔率大于等于 25%）	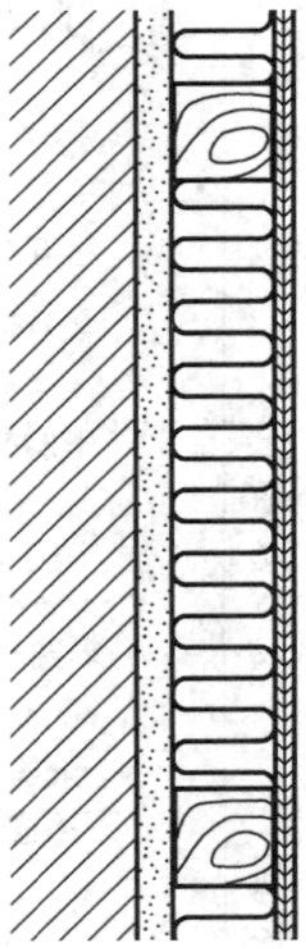

编号	做法名称	构造层次及构造做法	构造简图
7	扩散吸音板MLS墙面	墙体及抹灰层；专用金属龙骨中距600；填充吸音棉；金属连接件固定；成品MLS吸声板	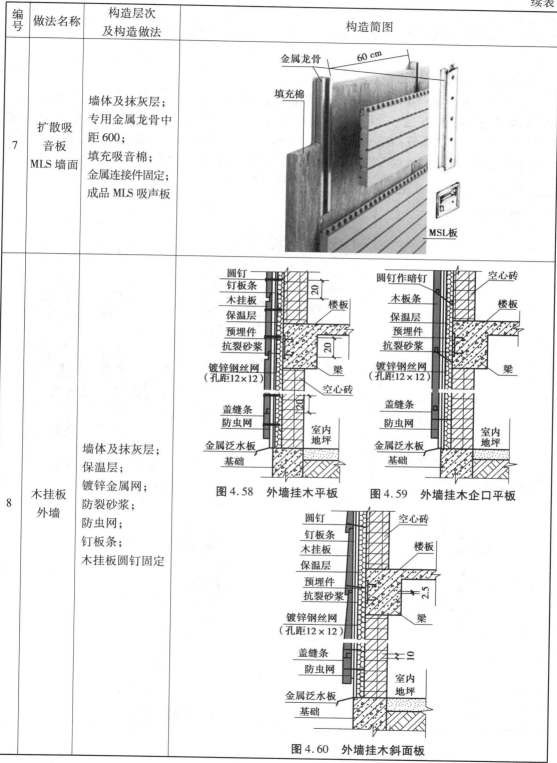
8	木挂板外墙	墙体及抹灰层；保温层；镀锌金属网；防裂砂浆；防虫网；钉板条；木挂板圆钉固定	

图4.58　外墙挂木平板　　图4.59　外墙挂木企口平板

图4.60　外墙挂木斜面板

4.5 其他板材饰面构造

（1）金属板及金属复合板

以铝、铜、铝合金、不锈钢或塑铝板等薄板饰面,表面还可做烤漆、喷漆、镀锌、搪瓷、电化覆盖塑料等装饰。特点是坚固耐久、美观新颖、装饰效果较好。薄板表面可处理成平形、波形、凹凸条纹,再卷边做成扣板,便于安装,扣板边长≥750 mm 时,应加设内衬边框以增加板的刚度和边缘强度。金属丝板网还可用于吸音墙面。常用金属饰面构造做法,详见表4.9。

表4.9 金属饰面构造做法

编号	做法名称	构造层次及构造做法	构造简图
1	干挂铝板饰面墙	墙体; 角钢∟40×4 角码膨胀螺栓固定在墙上; 纵横向角钢∟40×4 龙骨与角码焊接牢固,纵横间距与面板尺寸协调; 铝板四周折边≥25,折边每边用铝铆钉安装角铝片不少于2只; 面板借助自攻钉连接于龙骨上; 嵌缝胶条与硅酮耐候胶封缝	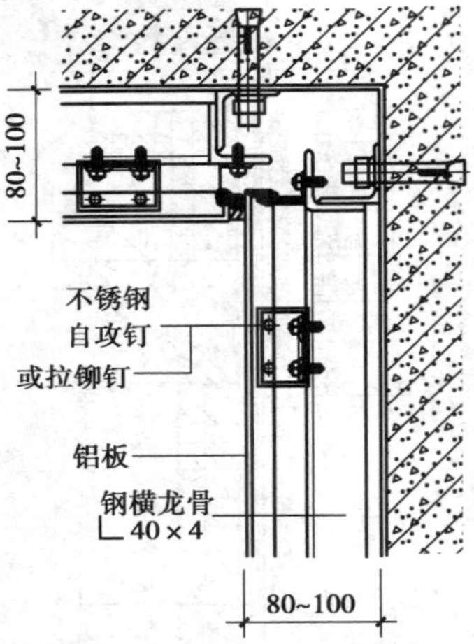 图4.61 铝板墙面阴角 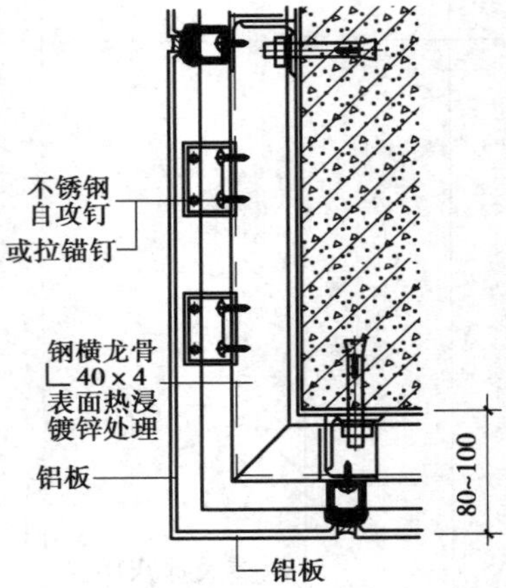　图4.62 铝板墙面阳角 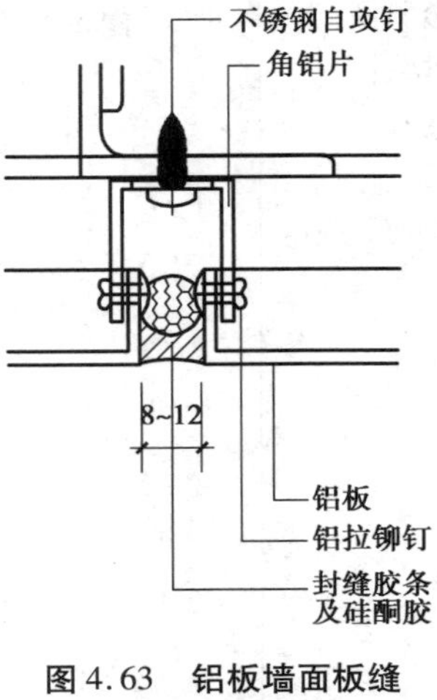 图4.63 铝板墙面板缝

编号	做法名称	构造层次及构造做法	构造简图
2	干挂铝塑板饰面墙	墙体； 角钢角码膨胀螺栓固定； 纵横龙骨与角码螺栓连接； 铝塑板折边 25，每边铆接 18×20 角铝间距≤250； 不锈钢钉上牢角铝及铝塑板于龙骨上； 泡沫垫杆和耐候胶封 15 宽缝	
3	铝塑板贴面墙	墙体； 抹灰层； 防潮层； 45×45 木龙骨双向间距 406； 夹板基层； 氯丁胶粘贴室内用铝塑板； 以专用腻子粉或喷漆处理缝隙	
4	不锈钢板饰面墙	墙体； 25×45 木龙骨双向间距 406； 夹板或大芯板基层； 1.2 厚不锈钢 AB 胶粘牢	
5	轻钢龙骨铝塑板	墙体； 9 厚 1:2.5 水泥砂浆找平，二遍成活； 聚氨酯防潮涂膜一道； 轻钢龙骨，间距与板面协调； 5 厚铝塑板钉固	

（2）玻璃饰面墙

玻璃饰面墙多选用普通平板镜面玻璃或茶色、蓝色、灰色的镀膜镜面玻璃、二夹一安全玻璃等装饰墙面,用于不易碰撞部位,详见表 4.10。

表 4.10　玻璃饰面墙做法

编号	做法名称	构造层次及构造做法	构造简图
1	磨砂玻璃饰面 1	墙体； 抹灰层； 防水涂料一道； 45×45 木龙骨纵横间距 406； 15 厚木板； 油毡防潮缓冲层一道； 6 厚磨砂玻璃； 40×10 硬木压条	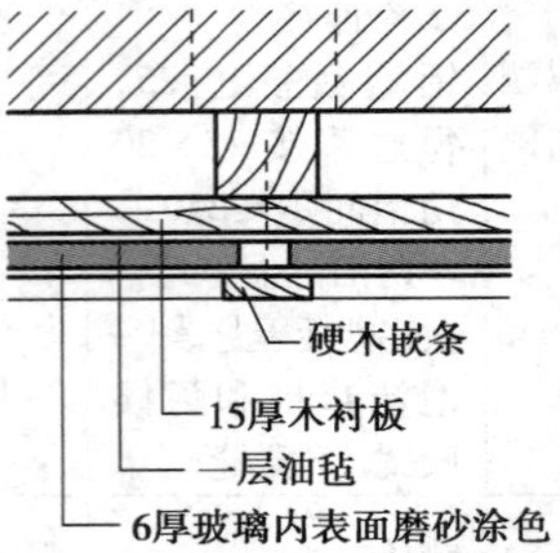 硬木嵌条 15厚木衬板 一层油毡 6厚玻璃内表面磨砂涂色
2	磨砂玻璃饰面 2	墙体； 抹灰层； 防水涂料一道； 45×45 木龙骨纵横间距 406； 7 层胶合板； 环氧树脂黏结层； 5 厚着色磨砂玻璃	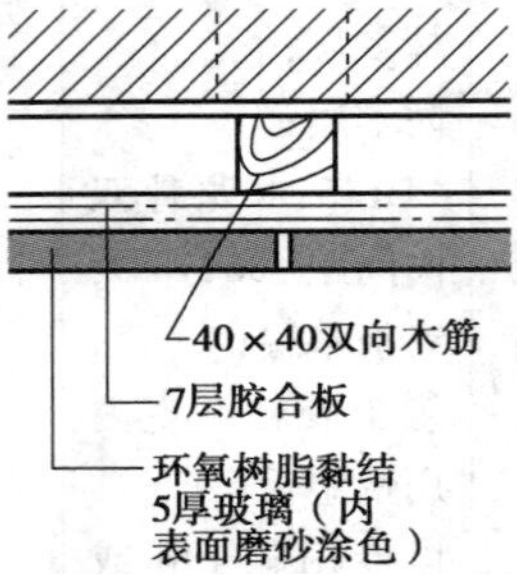 40×40双向木筋 7层胶合板 环氧树脂黏结 5厚玻璃（内表面磨砂涂色）

复习思考题

1. 砌体墙的主要材料有哪些？
2. 保证墙体稳定性的措施有哪些？
3. 轻质隔墙的类型有哪些？
4. 墙体是如何防潮的？
5. 圈梁的作用是什么？
6. 哪些砌体应注意砌块的模数？

5

楼地面构造

[**本章导读**]

通过本章学习,应了解楼地面的作用和不同的结构类型,以及这些结构类型的适用范围;了解相关的标准设计;掌握不同楼地面层装修常用的材料和构造做法;了解楼地面在防水和防潮、保温节能、减噪隔声方面的构造原理和措施。

5.1 概　述

5.1.1 地坪层

地坪层是底层的地面与结构层,它承受底层地面上的荷载并均匀地传递给基层。地坪层一般由面层、垫层和基层 3 个基本构造层次组成,有特殊要求时可增设附加层。

1)基层

地坪的基层一般是素土夯实层,素土为不含杂质的砂质黏土,经碾压机压实或夯实后才能承受垫层传下来的地面荷载。通常做法是填 300 mm 厚的土,夯实成 200 mm 厚,或者按照设计要求的密实度进行夯实。

2)垫层

地面垫层是承受并传递荷载给地基的结构层,有刚性或非刚性垫层之分。刚性垫层常用低强度等级混凝土(如 C15 混凝土)制作,厚度为 80 ~ 100 mm;非刚性垫层常用 50 mm 厚砂垫层、80 ~ 100 mm 厚碎石灌浆、50 ~ 70 mm 厚石灰炉渣或 70 ~ 120 mm 厚三合土(石灰、炉渣、碎石)等。

当面层为水磨石、瓷砖、大理石等薄而脆的类型时,必须采用刚性垫层。较厚而且不易断裂的,如混凝土地面、水泥制品块地面等,常采用非刚性垫层。

室内荷载较大且地基又较差、有保温等特殊要求的或面层装修要求标准较高的地面,可在基层上先做非刚性垫层,再做一层刚性垫层,即复式垫层。

常用垫层的最小厚度,见表 5.1。

表 5.1　常用垫层最小厚度

垫层名称	材料强度等级或配合比	厚度/mm
混凝土	≥C15	60
四合土	1:1:6:12(水泥:石灰膏:砂:碎砖)	80
三合土	1:1:6(熟化石灰:砂:碎砖)	100
灰土	3:7 或 2:8(熟化石灰:黏性土)	100
砂、矿渣、碎(卵)石		60
矿渣		80

3)面层

和楼板面层一样,地面面层应坚固耐磨、表面平整、光洁、易清洁、不起尘;人们长时间停留的房间,应有较好的蓄热性和弹性;浴室、卫生间等处则要求耐潮湿、不透水;厨房、锅炉房等空间要求地面防水和耐火;实验室则要求耐酸碱、耐腐蚀等。

5.1.2　楼板层

1)楼板层的组成

楼板层主要构造层是面层、结构层和顶棚层,顶棚层又包括板底饰面或吊顶。为满足不同的使用要求,还可能有其他附加层,如保温层、防水层、隔音层等。面层主要满足楼地面的各种使用要求,例如美观、舒适、防滑、耐用、易清洁、耐冲击和防静电等;结构层为楼板,主要承受荷载;顶棚层主要起装饰楼板底的作用,见图 5.1。

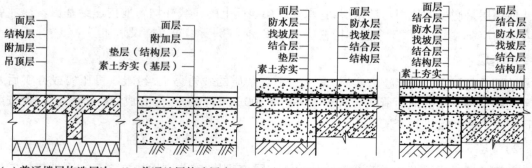

(a)普通楼层构造层次　(b)普通地层构造层次　(c)有防水层的瓜米石楼地面　(d)有防水层的马赛克楼地面

图 5.1　楼地层的组成

2）对楼板层的要求

（1）足够的强度和刚度

楼板要求有足够的强度能够承受荷载而不发生损坏，有足够的刚度能避免在荷载的作用下发生超标的挠度变形。

（2）热工和防火方面的要求

楼地面吸热指数是反映楼地面从人体脚部吸热多少和速度的一个指标值，是防止冬季人脚部着凉的最低卫生要求，地面应采用吸热指数小的材料，因此，起居室和卧室不宜采用花岗石、大理石、水磨石、陶瓷地砖等高密度、大导热系数的面层材料，它们主要适用于门厅、楼梯、走廊、厨卫等人员不会长期逗留的场所。

在采暖建筑中，底层或地下室地面，应设置保温隔热材料以减少热量散失。楼地面层应采用蓄热系数较大的材料（如木制品等），这类材料受外界影响所发生的温度变化起伏比较平缓，会让人在四季都感到舒适。

（3）防火要求

楼板结构应采用不燃烧体材料制造，应符合建筑物的耐火等级对其燃烧性能和耐火极限的要求。

（4）隔声要求

楼板层应具有较好的隔声能力，为此可采取以下措施：选用空心构件来隔绝空气传声，在楼板面铺设弹性面层，如橡胶、地毡等，在面层下铺设弹性垫层，在楼板下设置吊顶棚等。

（5）防水、防潮要求

对于厨房、卫生间和阳台等一些地面潮湿、易积水的房间，应处理好楼地层的防水、防潮问题。

（6）经济要求

一般楼板占建筑总造价的 20%～30%，选用楼板时应考虑就地取材和提高装配化的程度，以降低造价。

3）楼板的分类

常用楼板通常有木楼板、钢筋混凝土楼板和压型钢板组合楼板等，见图5.2。

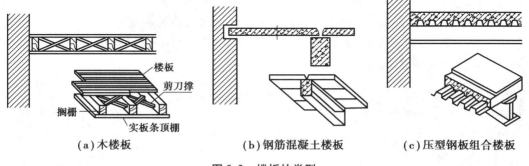

（a）木楼板　　　　　（b）钢筋混凝土楼板　　　　　（c）压型钢板组合楼板

图5.2　楼板的类型

木楼板有自重轻、构造简单、蓄热系数大等优点，但其隔声、耐久和防火性较差，耗木材量大，除林区外，现已极少采用。

钢筋混凝土楼板因其承载能力大、刚度好，且具有良好的耐久、防火性和可塑性，目前被广泛采用。

压型钢板组合楼板是利用压型钢板为底模，上部浇筑混凝土而形成的一种组合楼板。它具有强度高、刚度大、施工速度快等优点，但钢材用量大、造价高。

5.2 楼板构造

5.2.1 钢筋混凝土楼板

根据施工方法的不同，钢筋混凝土楼板可分为现浇整体式、预制装配式、装配整体式三种类型。

1)现浇整体式钢筋混凝土楼板

现浇整体式钢筋混凝土楼板的特点是在施工现场完成支模、绑扎钢筋、浇筑并振捣混凝土、养护和拆模等工序，将整个楼板浇筑成整体。此类楼板的整体性、防水抗渗性好，抗震性强，能适应各种平面形状的变化。缺点是现场湿作业量大、模板用量多、施工速度较慢、施工工期较长，成本相对较高。现浇整体式钢筋混凝土楼板又分为板式楼板、梁板式楼板、无梁式楼板和压型钢板组合板等。

（1）现浇板式楼板

现浇板式楼板是将楼板现浇成一块平板，直接支承在墙或梁柱上。优点是底面平整，便于施工支模，但仅适用于平面尺寸较小的房间，如厨房、卫生间、走廊等。板的厚度通常为跨度的 1/40 ~ 1/30，且不小于 60 mm。

（2）现浇梁板式楼板

对平面尺寸较大的房间，若仍采用板式楼板，会因板跨较大而增加板厚。为此，通常在板下设梁来减小板跨。楼板上的荷载先由板传给梁，再由梁传给墙或柱。常见的有以下类型：

①主次梁式楼板，特点是板置于次梁上，次梁再置于主梁上，主梁置于墙或柱上（图5.3）。这种形式常用于面积较大的有柱空间。主梁通常沿房屋的短跨方向布置，其经济跨度为 5 ~ 8 m，梁高为跨度的 1/14 ~ 1/8，梁宽为梁高的 1/3 ~ 1/2。次梁把荷载传递给主梁，主梁间距即为次梁的跨度，通常比主梁跨度要小，一般为 4 ~ 6 m。次梁高为跨度的 1/18 ~ 1/12，梁宽为梁高的 1/3 ~ 1/2。板的经济跨度为 2.1 ~ 3.6 m，板厚一般为 60 ~ 100 mm。主次梁的截面尺寸应符合 M 或 M/2 模数系列。

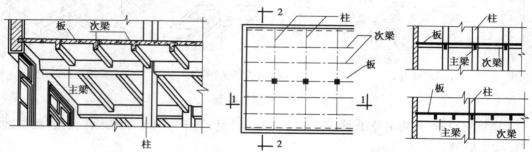

图5.3 现浇钢筋混凝土主次梁式楼板

②双向梁板楼板,用于柱网较小且平面呈方形的楼板,见图5.4(a)。

③密肋楼板,肋距≤1.5 m的单向或双向肋形楼盖称为密肋楼盖,双向密肋楼盖承力体系为双向共同承受荷载,受力性能较好,见图5.4(b)。

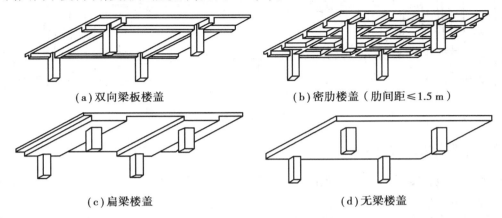

(a)双向梁板楼盖 (b)密肋楼盖(肋间距≤1.5 m)

(c)扁梁楼盖 (d)无梁楼盖

图5.4 现浇楼板的几种类型

④扁梁楼板,由无梁楼盖发展而来,是介于肋梁楼盖与无梁楼盖之间的一种体系。它在柱上设置截面很宽但较扁的梁(称为扁梁或宽扁梁)。宽扁梁楼盖中梁的刚度较小,只能算板的局部加强,是板的一部分而不是梁,但其力学性能又与无梁楼盖不同,见图5.4(c)。

⑤井字梁式楼板,当房间平面形状为方形或接近方形(长边与短边之比小于1.5)时,两个方向梁可以正放正交、斜放正交或斜放斜交(图5.5),而且截面尺寸相同,呈等距离布置,无主次之分,这种楼板称为井字梁式楼板或井格式楼板(图5.6)。其梁跨可达30 m,板跨较密肋板大(一般为3 m左右),板底井格外露,产生一种自然结构美,室内少柱或不设柱,梁的断面较小,占用空间高度较少,多用于公共建筑的门厅、大厅、会议室或小型礼堂等较大空间。

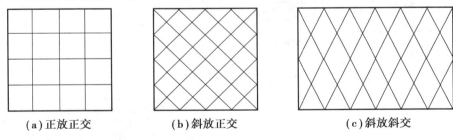

(a)正放正交 (b)斜放正交 (c)斜放斜交

图5.5 井格的几种布置

⑥无梁楼板,将板直接支承在柱上,不设梁,这种楼板称为无梁楼板。无梁楼板分无柱帽和有柱帽两种,当荷载较大时,会在柱顶设托板与柱帽,以增加板在柱上的支承面积。无梁楼板的柱网一般布置成方形或近似方形,这样较为经济,板跨一般不超6 m,板厚通常不小于120 mm。无梁楼板的底面平整,增加了室内的净空高度,有利于采光、通风和设备安装等,且施工时架设模板方便,但楼板厚度较大。无梁楼板多用于活荷载较大的商场、仓库、展览馆等建筑,见图5.4(d)。

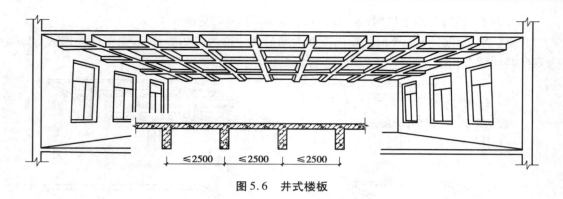

图 5.6　井式楼板

5.2.2　压型钢板组合楼板

　　压型钢板组合楼板是在型钢梁上铺设压型钢板作底模(衬板),其上现浇混凝土,形成整体的组合楼板。

　　这种楼板由现浇混凝土、钢衬板和钢梁 3 个部分组成(图 5.7)。钢衬板采用冷压成型钢板,有单层和双层之分。双层压型钢板通常是由两层截面相同的压型钢板组合而成,也可由一层压型钢板和一层平钢板组成。采用双层压型钢板的楼板承载能力更好,两层钢板之间形成的空腔还可用于设备管线的敷设。钢衬板之间的连接以及钢衬板与钢梁之间的连接,一般采用焊接、螺栓连接、膨胀铆钉或压边咬接的方式,如图 5.8 所示。

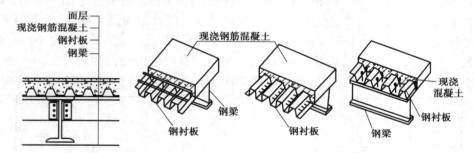

图 5.7　压型钢板组合楼板

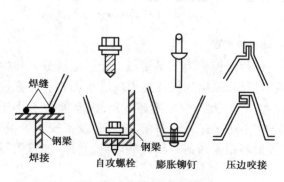

图 5.8　钢衬板之间的连接

图 5.9　钢衬板安装

钢衬板组合楼板有两种构造方式：

①钢衬板在组合楼板中只起永久性模板的作用,混凝土中仍配有受力钢筋。钢衬板施工完毕不再拆卸,简化了施工程序,加快了施工进度,但造价较高。

②在钢衬板上加肋条或压出凹槽,钢衬板起到混凝土中受拉钢筋的作用,或在钢梁上焊抗剪栓钉,这种构造较经济,见图5.8和图5.9。

5.2.3 预制装配式钢筋混凝土楼板

这种楼板的特点是先预制好楼板,然后在施工现场装配,可节省模板、提高劳动生产率、缩短工期,但楼板的整体性较差,近几年在地震设防地区的应用受到很大限制,有的地区已明令禁止使用。

常用的预制钢筋混凝土楼板,根据其截面形式可分为实心平板、槽形板和空心板3种类型。

预制板现场安装时,会出现板缝,当缝隙小于60 mm时,可调节板缝使其≤30 mm;缝隙为60~120 mm时,可灌C20细石混凝土,并加配2φ6通长钢筋;缝隙为120~200 mm时,设现浇钢筋混凝土板带于墙边或有穿管的部位;缝隙大于200 mm时,应调整板的规格。

（1）实心平板

实心平板制作简单,方便预留孔洞,用于跨度小的走廊板、楼梯平台板、阳台板等位置。板的两端支承在墙或梁上,板厚一般为50~80 mm,跨度宜在2.4 m以内,板宽为500~900 mm,见图5.10。由于构件小,对起吊机械要求不高。

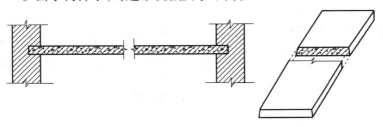

图5.10 实心平板

（2）槽形板

槽形板是一种梁板结合的构件,在实心板两侧设纵肋,构成槽形截面。它具有自重轻、省材料、造价低、便于开孔等优点。槽形板跨长为3~6 m,板肋高120~300 mm,板厚可薄至30 mm。

槽形板分槽口向上和槽口向下两种(图5.11),槽口向下的槽形板受力较为合理,但板底不平整,隔声效果差;槽口向上的倒置槽形板,受力不甚合理,铺地时需另加构件,但槽内可填充轻质材料,保温、隔热及隔声的要求较易达到。

（3）预制空心板

空心板截面孔洞形状有圆形、椭圆形和矩形等(图5.12),圆孔板应用最多。板宽有400 mm、600 mm、900 mm、1 200 mm等,跨度可达7.2 m,经济跨度为2.4~4.2 m,板厚为120~240 mm,两端在墙或梁上的搁置长度不小于100 mm,且不能三边受力。

空心板节省材料,隔声、隔热性能好,但板面不能随意打洞。在安装和堆放时,空心板两端的孔需用砖块、混凝土填块填塞,以免在板端灌缝时漏浆,并保证支座处不被压坏。

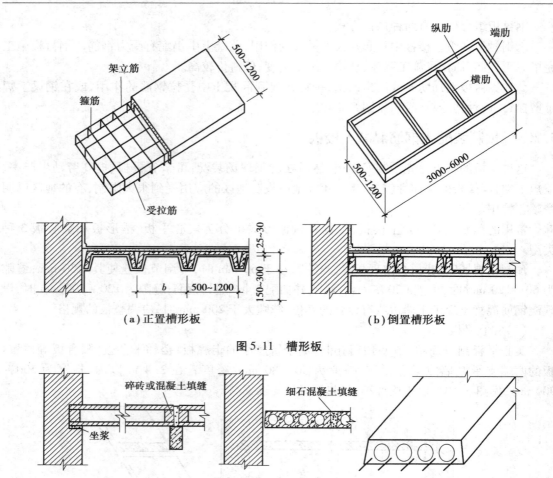

（a）正置槽形板　　　　　　　　（b）倒置槽形板

图 5.11　槽形板

图 5.12　预制空心板

5.2.4　装配整体式钢筋混凝土楼板

装配整体式钢筋混凝土楼板是先安装部分预制构件,再整体浇筑混凝土面层,它兼有现浇和预制钢筋混凝土楼板的优点。

（1）密肋填充块楼板

现浇密肋填充块楼板是以陶土空心砖、矿渣混凝土实心块等作为肋间填充块,再现浇密肋和面板而成（图5.13）。这种楼板板底平整,有较好的隔声、保温、隔热效果,利于管道的敷设。在施工时,空心砖还可起到模板的作用,常用于学校、住宅、医院等建筑。

（2）预制薄板叠合楼板

这种楼板是由预制薄板和现浇钢筋混凝土层叠合而成的。预制薄板既作为永久性的模板承受施工荷载,也是整个楼板结构的一部分。

为使预制薄板与叠合层能很好地连接,会将薄板表面作刻槽处理（图5.14（a））,或在板面露出较规则的三角形结合钢筋等（图5.14（b））。预制薄板跨度一般在5.4 m内较为经济;板宽为 1.1~1.8 m,板厚不小于 50 mm。

现浇叠合层厚度一般为 100~120 mm,以大于或等于薄板厚度的 2 倍为宜。楼板的总厚

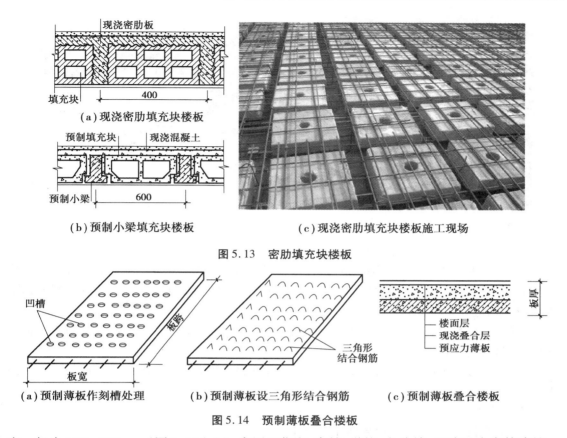

（a）现浇密肋填充块楼板

（b）预制小梁填充块楼板

（c）现浇密肋填充块楼板施工现场

图 5.13　密肋填充块楼板

（a）预制薄板作刻槽处理

（b）预制薄板设三角形结合钢筋

（c）预制薄板叠合楼板

图 5.14　预制薄板叠合楼板

度一般为 150 ～ 250 mm（图 5.14（c）），常用于住宅、宾馆、学校、办公楼、医院及仓库等建筑。

5.3　楼地面构造

楼面与地面的差别,仅在于结构层不同。楼面是楼板层的面层,地面是地坪层的面层。

5.3.1　不同类型房间楼地面的做法要求

对于不同使用要求的房间,应采用不同的地面。

（1）有空气洁净度要求的楼地面

有空气洁净度要求的地面,面层要平整、耐磨、不起尘,并易除尘和清洗,底层地面应设防潮层。面层应采用不燃、难燃和燃烧时不产生有毒气体的材料,宜有弹性和较低的导热系数,表面不产生眩光,不易积聚静电。空气洁净度为 100 级、1 000 级、10 000 级的地段,地面不宜设变形缝,可采用自流平地面,其特点是无接缝、环保不含溶剂、无毒、附着力强、耐磨、耐冲击、耐强酸碱和防尘等,主要适用于各类电子厂、医药厂、食品厂等地面的涂装,见图 5.15。

（2）有防静电要求的楼地面

生产或使用过程中有防静电要求的地段,应采用导静电的面层材料,其表面电阻率、体积电阻率等主要技术指标应满足要求,并应设置静电接地。也可采用防静电地板,见图 5.16。

图 5.15 环氧树脂自流平地面

图 5.16 防静电地板

(3)有水或非腐蚀液体经常浸湿的楼地面

有水或非腐蚀液体经常浸湿的地面,宜采用现浇水泥类面层。底层地面和现浇钢筋混凝土楼板,宜设置隔离层,防止建筑地面上各种液体或水、潮气透过地面的构造层;装配式钢筋混凝土楼板,应设置隔离层。

经常有水的地段,应采用不吸水、易冲洗、防滑的面层材料,并用防水卷材类、防水涂料类和沥青砂浆等材料设置防水层。

防潮要求较低的底层地面,可采用沥青类胶泥涂覆式隔离层,或增加灰土、碎石灌沥青等垫层。

(4)采暖房间的楼地面

遇下列情况之一时,应采取局部保温措施:

①架空或悬挑部分直接面对室外的采暖房间楼层地面,或直接面对非采暖房间的楼层地面。

②建筑物周边无采暖通风管沟时,严寒地区底层地面,在外墙内侧 0.5 ~ 1.0 m 范围内宜采取保温措施,其热阻值不应小于外墙的热阻值。

季节性冰冻地区非采暖房间的地面及散水、明沟、踏步、台阶和坡道等,当土壤标准冻深大于 600 mm 且在冻深范围内为冻胀土或强冻胀土时,宜采用碎石、矿渣地面或预制混凝土板面层。当必须采用混凝土垫层时,应在垫层下加设防冻胀层,见图 5.17。防冻胀层应选用中粗砂、砂卵石、炉渣或炉渣石灰土等非冻胀材料。其厚度应根据当地经验确定,也可按表 5.2 选用。采用炉渣石灰土作为防冻胀层时,其质量配合比宜为 7∶2∶1(炉渣∶素土∶熟化石灰),压实系数不宜小于 0.85,且冻前龄期应大于 30 d。

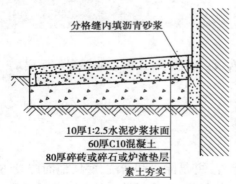

分格缝内填沥青砂浆

10厚1∶2.5水泥砂浆抹面
60厚C10混凝土
80厚碎砖或碎石或炉渣垫层
素土夯实

图 5.17 散水防冻处理

表 5.2　防冻胀层厚度

土壤标准冻深/mm	防冻胀层厚度/mm	
	土壤为冻胀土	土壤为强冻胀土
600~800	100	150
1 200	200	300
1 800	350	450
2 200	500	600

（5）生产和储存食品、食料或药物的房间

生产和储存食品、食料或药物，且可能接触地面的房间，面层严禁采用有毒性的塑料、涂料或水玻璃类等材料。材料的毒性应经有关卫生防疫部门鉴定。

生产和储存吸味较强的食物时，应避免采用散发异味的楼地面材料。

5.5.2　楼地面装修的分类

常用楼地面以材料分类，有水泥砂浆楼地面、水磨石楼地面、石材楼地面、地砖楼地面、木地板楼地面、地毯楼地面等。根据构造方法和施工工艺的不同，可以分为整体式地面、块材式地面、木地面及人造软质制品铺贴式楼地面、涂料地面等。

5.5.3　楼地面的构造

1）整体式楼地面

用现场浇筑的方法做成的整片地面称为整体地面，其面层无接缝，造价较低，施工简便，例如水泥砂浆地面、细石混凝土地面、水磨石地面等。

①水泥砂浆楼地面，又称水泥地面，构造简单、坚固、防潮、防水和造价低廉，但不耐磨，易起砂起灰。

②细石混凝土楼地面，具有整体性好，强度高，抗裂，耐磨性好，材料易得，施工简便、快速，造价低等优点。

③现浇水磨石楼地面，具有色彩丰富、图案组合多样、平整光洁、坚固耐用、整体性好、耐污染、耐腐蚀和易清洗等优点，做法见表5.3。为防止不规则开裂，可用铜条、铝条或玻璃条做分格，条间距在1 m左右为宜。

常用整体楼地面做法，见表5.3和表5.4。

表 5.3　整体式地面做法举例

整体楼地面面层类型	构造做法及层次	备　注
水泥豆石	30厚1：2.5水泥豆石面层铁板赶光； 水泥浆水灰比0.4~0.5结合层一道； 100厚C10混凝土垫层； 素土夯实	适用于大多数民用建筑

续表

整体楼地面面层类型	构造做法及层次	备 注
细石混凝土地面	40 厚 C20 细石混凝土,表面撒 1∶1 水泥砂子随打随抹光; 水泥浆水灰比 0.4~0.5 结合层一道; 100 厚 C10 混凝土垫层; 素土夯实	
水磨石面层 1	表面草酸处理后打蜡上光; 15 厚 1∶2 水泥石粒水磨石面层; 20 厚 1∶3 水泥砂浆找平; 水泥浆水灰比 0.4~0.5 结合层一道; 100 厚 C10 混凝土垫层; 素土夯实	
水泥砂浆面层 1	20 厚 1∶2 水泥砂浆铁板赶光; 水泥浆水灰比 0.4~0.5 结合层一道; 100 厚 C10 混凝土垫层找坡赶平; 素土夯实	
水泥砂浆面层 2	20 厚 1∶2 水泥砂浆铁板赶光; 改性沥青一布四涂防水层; 1∶3 水泥砂浆找坡层,最薄处 20 厚; 水泥浆水灰比 0.4~0.5 结合层一道; 100 厚 C10 混凝土垫层; 素土夯实	设防水层后适用于用水房间及潮湿环境

表 5.4 整体式楼面做法举例

整体楼地面面层类型	构造做法及层次	备 注
水泥豆石楼面	30 厚 1∶2.5 水泥豆石面层铁板赶光; 水泥浆水灰比 0.4~0.5 结合层一道; 结构层	
细石混凝土楼面	40 厚 C20 细石混凝土,表面撒 1∶1 水泥砂子随打随抹光; 水泥浆水灰比 0.4~0.5 结合层一道; 结构层	
水磨石楼面	表面草酸处理后打蜡上光; 15 厚 1∶2 水泥石粒水磨石面层; 20 厚 1∶3 水泥砂浆找平; 水泥浆水灰比 0.4~0.5 结合层一道; 结构层	

整体楼地面面层类型	构造做法及层次	备　注
防水水磨石楼面	表面草酸处理后打蜡上光； 15 厚 1∶2 水泥石粒水磨石面层； 20 厚 1∶3 水泥砂浆找平； 改性沥青一布四涂防水层； 1∶3 水泥砂浆找坡层，最薄处 20 厚； 水泥浆水灰比 0.4 ~ 0.5 结合层一道； 结构层	设防水层后适用于用水房间及潮湿环境
水泥砂浆楼面	20 厚 1∶2 水泥砂浆铁板赶光； 水泥浆水灰比 0.4 ~ 0.5 结合层一道； 结构层	
防水水泥砂浆楼面	20 厚 1∶2 水泥砂浆铁板赶光； 改性沥青一布四涂防水层； 1∶3 水泥砂浆找坡层，最薄处 20 厚； 水泥浆水灰比 0.4 ~ 0.5 结合层一道； 结构层	设防水层后适用于用水房间及潮湿环境

2）块料楼地面

块料地面是把地面材料加工成块（板）状，再借助胶结材料粘贴或铺砌在结构层上。胶结材料既起胶结作用又起找平作用，也有先做找平层再做胶结层的。常用胶结材料有水泥砂浆、油膏等，也可以使用细砂和细炉渣。面层材料有烧结砖、玻化砖、水泥砖、大理石、缸砖、陶瓷锦砖和地砖等，见图 5.18 至图 5.21。

图 5.18　烧结砖地面

图 5.19　玻化砖地面

（1）烧结砖地面

烧结砖地面可平砌和侧砌，它施工简单，造价低廉，适用于要求不高或临时建筑的地面以及庭园小道等。

图5.20 水泥砖

图5.21 缸砖地面

（2）水泥制品块楼地面

水泥制品块材料有预制水磨石块和预制混凝土块。面层与基层黏结有两种方式：预制块尺寸较大且较厚时，在板下干铺一层20～40 mm厚细砂或细炉渣，板缝用砂浆嵌填。这种做法施工简单、造价低，便于维修更换，但不易平整，常用于城市人行道，见图5.22（a）。当预制块小而薄时，则采用10～20 mm厚1∶3水泥砂浆做结合层，铺好后再用1∶1水泥砂浆嵌缝。这种做法坚实、平整，但施工较复杂，造价也较高，见图5.22（b）。

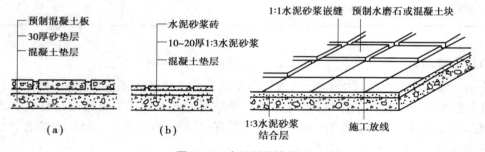

图5.22 水泥制品块地面

（3）缸砖楼地面

缸砖是用陶土焙烧而成的无釉砖块，方形尺寸为100 mm×100 mm和150 mm×150 mm，厚10～19 mm，还有六边形、八角形等，颜色以红棕色和深米黄色居多，可以组合成各种图案，一般采用15～20 mm厚1∶3水泥砂浆铺贴。缸砖具有质地坚硬、耐磨、耐水、耐酸碱、易清洁等特点。

（4）陶瓷锦砖楼地面

陶瓷锦砖又称马赛克，是以优质瓷土烧制而成的小尺寸瓷砖，有不同大小、形状和颜色，并由此而可以组合成各种图案，具有多彩的装饰效果。它主要用于防滑要求较高的卫生间、浴室等房间的地面或墙面。

（5）陶瓷地砖楼地面

陶瓷地砖又称墙地砖，有釉面地砖、无光釉面砖、无釉防滑地砖及抛光同质地砖等类型，有红、浅红、白、浅黄、浅绿、浅蓝等各种颜色。地砖色调均匀，砖面平整，抗腐耐磨，施工方便，装饰效果好，特别是防滑地砖和抛光地砖防滑性能好，因此较多地用于办公、商店、旅馆和住宅。陶瓷地砖一般厚6～10 mm，其规格有600 mm×600 mm，500 mm×500 mm，400 mm×

400 mm,300 mm×300 mm,250 mm×250 mm,200 mm×200 mm。

(6)玻化砖

玻化砖是用石英砂、泥按照一定比例烧制而成,然后打磨光亮的。其表面光滑如镜面,是所有瓷砖中最硬的一种。其吸水率、边直度、弯曲强度、耐酸碱性等,都优于普通釉面砖、抛光砖及一般的石材。常用规格有 600 mm×600 mm、800 mm×800 mm、900 mm×900 mm、1 000 mm×1 000 mm。地面构造层次同陶瓷地砖地面,目前使用广泛。

常用块材地面、楼面做法详见表5.5和表5.6。

表5.5　常用块料地面做法举例

块材楼地面面层类型	构造做法及层次	备　注
陶瓷锦砖或马赛克	6 厚陶瓷锦砖水泥浆擦缝; 20 厚1:2 干硬性水泥浆黏合层; 20 厚1:3 水泥砂浆找平; 水泥浆水灰比 0.4 ~0.5; 100 厚 C10 混凝土垫层; 素土夯实	适用于防水防滑的场所
陶瓷锦砖或马赛克防水地面	6 厚陶瓷锦砖水泥浆擦缝; 20 厚1:2 干硬性水泥浆黏合层; 改性沥青一布四涂防水层; 1:3 水泥砂浆找坡层,最薄处20 厚; 水泥浆水灰比 0.4 ~0.5 结合层一道; 100 厚 C10 混凝土垫层; 素土夯实	设防水层后适用于用水房间及潮湿环境
地砖及玻化砖地面	地砖面层水泥浆擦缝; 20 厚1:2 干硬性水泥浆黏合层; 20 厚1:3 水泥砂浆找平; 水泥浆水灰比 0.4 ~0.5 结合层一道; 100 厚 C10 混凝土垫层; 素土夯实	
地砖及玻化砖防水地面	地砖面层水泥浆擦缝; 20 厚1:2 干硬性水泥浆黏合层; 改性沥青一布四涂防水层; 1:3 水泥砂浆找坡层,最薄处20 厚; 水泥浆水灰比 0.4 ~0.5 结合层一道; 100 厚 C10 混凝土垫层; 素土夯实	设防水层后适用于用水房间及潮湿环境
石材地面	20 厚石材面层水泥浆擦缝; 20 厚1:2 干硬性水泥浆黏合层; 20 厚1:3 水泥砂浆找平; 水泥浆水灰比 0.4 ~0.5 结合层一道; 100 厚 C10 混凝土垫层; 素土夯实	

续表

块材楼地面面层类型	构造做法及层次	备 注
石材防水地面	20 厚石材面层水泥浆擦缝； 20 厚 1：2 干硬性水泥浆黏合层； 改性沥青一布四涂防水层； 1：3 水泥砂浆找坡层，最薄处 20 厚； 水泥浆水灰比 0.4 ~ 0.5 结合层一道； 100 厚 C10 混凝土垫层； 素土夯实	设防水层后适用于用水房间及潮湿环境
碎拼石板防潮地面	20 厚碎拼石板，板背面刮水泥浆粘贴，稀水泥浆（或彩色水泥浆）擦缝； 30 厚 1：3 干硬性水泥砂浆结合； 1 厚合成高分子防水涂料； 刷基层处理剂一道； 20 厚 1：3 水泥砂浆抹平； 素水泥一道； 60 厚 C15 混凝土垫层并找坡； 300 厚 3：7 灰土夯实或 150 厚小毛石灌 M5 水泥砂浆； 素土夯实，压实系数大于等于 0.9	常用于中庭、花房、敞廊等地面；缝宽用 1：1 水泥砂浆勾平缝
钛金不锈钢覆面地砖地面	1 ~ 2 厚钛金不锈钢覆面地砖，专用强力胶粘贴，铝合金或钛金不锈钢压边条收口； 20 厚 1：2.5 水泥砂浆找平压实赶光； 素水泥浆一道； 100 厚 C15 混凝土垫层； 300 厚 3：7 灰土夯实或 150 厚小毛石灌 M5 水泥砂浆； 素土夯实，压实系数大于等于 0.9	常用于大厅、舞厅、卡拉 OK 厅、俱乐部等地面；有木龙骨的木地板需考虑地板下通风，地板通风箅子及龙骨通风孔位置见工程设计
装饰玻璃板防潮地面	8 ~ 25 厚装饰玻璃板，专用胶粘贴，铝合金或钛金不锈钢板压边条收口； 22 厚松木毛地板（板上下面满刷氟化钠防腐剂）； 40×60 木龙骨中距 400（架空用 40×40×20 木垫块与木龙骨钉牢，垫块中距 400 与基层固定），40×60 横撑中距 800（龙骨、垫块、横撑满刷防腐剂及防火涂料）4.50 厚 C15 混凝土基层随打随抹平； 1 厚合成高分子防水涂料； 刷基层处理剂一道； 60 厚 C20 细石混凝土垫层随打随抹； 300 厚 3：7 灰土夯实或 150 厚小毛石灌 M5 水泥砂浆； 素土夯实，压实系数大于等于 0.9	常用于大厅、舞厅、卡拉 OK 厅、俱乐部等地面

块材楼地面面层类型	构造做法及层次	备 注
花岗石（大理石）地面	20 厚花岗石（大理石）板，板背面刮水泥浆粘贴，稀水泥浆（或彩色水泥浆）擦 30 厚 1∶3 干硬性水泥砂浆结合层； 素水泥浆一道； 60 厚 C15 混凝土垫层； 300 厚 3∶7 灰土夯实或 150 厚小毛石灌 M5 水泥砂浆； 素土夯实，压实系数大于等于 0.9	花岗石石板表面加工的品种有：镜面、光面、粗磨面、麻面（豆光）、条纹面（豆光）、条纹面（斧光）等规格，由设计定，并在施工图中注明

表 5.6　常用块料楼面做法举例

块材楼地面面层类型	构造做法及层次	备 注
钛金不锈钢覆面地板楼面	1～2 厚钛金不锈钢覆面地砖，专用强力胶粘贴，铝合金或钛金不锈钢压边条收口； 22 厚松木毛地板（板上下面满刷氟化钠防腐剂）； 40×60 木龙骨中距 400（架空用 40×40×20 木垫块与木龙骨钉牢，垫块中距 400 与基层固定），40×60 横撑中距 800（龙骨、垫块、横撑满刷防腐剂及防火涂料），龙骨间填 50 厚膨胀珍珠岩粉隔声层； 现浇钢筋混凝土楼板	常用于大厅、舞厅、卡拉 OK 厅、俱乐部等楼面
装饰玻璃板楼面	8～25 厚装饰玻璃板，专用胶粘贴，铝合金或钛金不锈钢板压边条收口； 22 厚松木毛地板（板上下面满刷氟化钠防腐剂）； 40×60 木龙骨中距 400（架空用 40×40×20 木垫块与木龙骨钉牢，垫块中距 400 与基层固定），40×60 横撑中距 800（龙骨、垫块、横撑满刷防腐剂及防火涂料），龙骨间填 50 厚膨胀珍珠岩粉隔声层； 现浇钢筋混凝土楼板	常用于大厅、舞厅、卡拉 OK 厅、俱乐部等楼面；装饰玻璃品种、规格、花色由设计人定，并在施工图中注明
花岗石（大理石）楼面	20 厚磨光花岗石（大理石）板，板背面刮水泥浆粘贴，稀水泥浆（或彩色水泥浆）擦缝； 30 厚 1∶3 干硬性水泥砂浆结合层； 素水泥浆一道； 现浇钢筋混凝土楼板	

续表

块材楼地面面层类型	构造做法及层次	备 注
花岗石(大理石) 防水楼面	20 厚磨光花岗石(大理石)板,板背面刮水泥浆粘贴,稀水泥浆(或彩色水泥浆)擦缝; 30 厚 1：3 干硬性水泥砂浆结合层; 1.5 厚合成高分子防水涂料; 刷基层处理剂一道; 30 厚 C20 细石混凝土随打随抹找坡抹平; 素水泥浆一道; 现浇钢筋混凝土楼板	用于潮湿环境
地砖及玻化砖 防水楼面	8～10 厚地面砖,砖背面刮水泥浆粘贴,稀水泥浆(或彩色水泥浆)擦缝; 30 厚 1：3 干硬性水泥砂浆结合层; 1.5 厚合成高分子防水涂料; 刷基层处理剂一道; 20 厚 1：3 水泥砂浆抹平; 素水泥浆一道; 60 厚 LC7.5 轻骨料混凝土填充层并找坡; 现浇钢筋混凝土楼板	缝宽用 1：1 水泥砂浆勾平缝

3)木地板

木地板是除潮湿的房间外,目前广泛采用的地面形式。其种类有实木地板(天然木地板)、竹地板、强化木地板和复合木地板等,它具有质量轻、弹性好、保温性好、易清洁、脚感舒适等优点,但易随温、湿度的变化而引起裂缝和翘曲变形,易燃、易腐朽。强化木地板和复合木地板的耐磨性较好。

木地板有空铺式、实铺式、粘贴式和悬浮铺设等几种构造类型。

（1）空铺式地板

空铺式地板主要用于舞台或需要架空的地面。做法是先砌筑垄墙,在垄墙上间隔铺设木搁栅,将地板条钉在搁栅上,木搁栅与墙间留 30 mm 的缝隙,木搁栅间加钉剪刀撑或横撑,在墙体适当位置设通风口通风,见图 5.23。

（2）实铺式地板

实铺式地板是直接在实体上铺设的地面。施工时将木搁栅钉在结构层或垫块上,见图 5.24(a)。木搁栅一般为 50 mm×50 mm,找平且上下刨光,中距依木、竹地板条长度等分,一般为 400～500 mm。每块地板条从板侧面钉牢在木搁栅上。高标准的房间可采用双层铺钉,即在面层与搁栅间加铺一层 20 mm 厚斜向毛木板,见图 5.27(a)。为防止地板受潮腐烂,底层通常做一毡二油防潮层或涂刷热沥青防潮层。在踢脚板处设通风口,并保持地板下干燥,见图 5.27(b)和(c)。

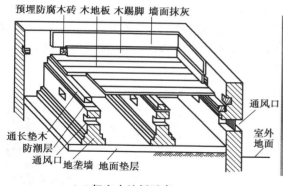

（a）架空木地板示意　　　　　（b）架空木地板构造断面

图5.23　架空层木楼地面

图5.24　实铺木地板的木龙骨安装

图5.25　粘贴硬木地板

图5.26　粘贴软木地板

（3）粘贴式地板

粘贴式地板是在结构层上做15～20 mm厚1∶3水泥砂浆找平层，上刷冷底子油一道，然后做5 mm厚沥青玛蹄脂（或其他胶黏剂），在其上直接粘贴木板条，也可用专用胶粘贴，见图5.25。一般软木地板都采取粘贴的安装方法见图5.26。软木地板是将栓皮栎树的树皮粉碎成颗粒状后，拌胶经压膜、脱模切片加工而成。

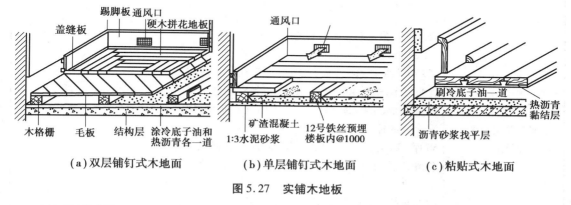

（a）双层铺钉式木地面　　　（b）单层铺钉式木地面　　　（c）粘贴式木地面

图5.27　实铺木地板

（4）悬浮铺设

悬浮铺设是指将地板直接搁在垫层上不加固定的铺设方式。它可热胀冷缩但不会起拱，常用于天然木地板（实木地板或竹地板）、复合木地板（基层为木板或层板）和强化木地板（基层为木纤维板，图5.28）的安装。后两种板具有很好的耐磨、耐污染、耐腐蚀、抗紫外线光和耐灼烧等性能，有较大的规格尺寸，已广泛用于公共建筑和居住建筑。不足之处是除复合板外，防水防潮性能较差。复合木地板除坯体采用多层板等较为防水的材料外,其他与强化木地板基本相同。地板安装前应磨平底层,然后铺设有弹性的防潮垫层,将地板的企口涂上白乳胶后拼成整体,搁在垫层上。房间四周边应留出 10 mm 宽的伸缩缝,并用踢脚遮饰,见图5.29。

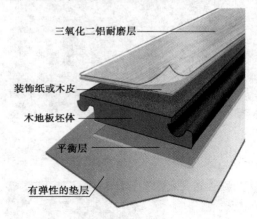

三氧化二铝耐磨层
装饰纸或木皮
木地板坯体
平衡层
有弹性的垫层

图5.28 强化地板

图5.29 木地板悬浮铺设

常用木地面做法,详见表5.7。

表5.7 木地面做法

木楼地面面层类型	构造做法及层次	备 注
强化复合木地板地面	8厚强化复合木地板企口刷白乳胶拼接粘铺; 3厚聚乙烯高弹泡沫垫层; 改性沥青防水涂料一道; 20厚1:3水泥砂浆找平; 水泥浆水灰比0.4~0.5结合层一道; 100厚C10混凝土垫层找坡赶平; 素土夯实	设防水层后适用于潮湿地面
架空单层硬木地板地面	聚酯漆或聚氨酯漆面层三道; 50×20厚长条硬木企口板; 50×70木龙骨400中距(架空20高,用木垫块与木龙骨钉牢,垫块400中距)用10号镀锌铁丝两根与铁鼻子绑牢;50×50横撑800中距,龙骨垫块,横撑满涂防腐剂; 50厚C20号混凝土基层随打随抹平,并在混凝土内预留Ω形φ6铁鼻子行距400中—中,间距800中—中; 改性沥青一布四涂防潮层见楼地面说明; 100厚C10混凝土垫层; 素土夯实基土	

续表

木楼地面面层类型	构造做法及层次	备　注
单层长条硬木地板地面	刷地板涂料(地板产品已带油漆者无此道工序),打蜡上光; 50(100)×18 厚硬木平(或企)口席纹拼花地板,膏状建筑胶黏剂粘贴; 40×60 木龙骨中距 400(架空用 40×40×20 木垫块与木龙骨钉牢,垫块中距 400 与基层固定),40×60 横撑中距 800(龙骨、垫块、横撑满刷防腐剂及防火涂料) 50 厚 C15 混凝土基层随打随抹平; 1 厚合成高分子防水涂料; 刷基层处理剂一道; 60 厚 C20 细石混凝土垫层随打随抹; 300 厚 3:7 灰土夯实或 150 厚小毛石灌 M5 水泥砂浆; 素土夯实,压实系数≥0.9	木地板品种、规格由设计定,并在施工图中注明;设计要求燃烧性能为 B1 时,应按消防部门有关要求加作相应的防火处理
双层长条硬木地板地面	刷地板涂料(地板产品已带油漆者无此道工序),打蜡上光; 50(100)×18 厚硬木企口长条地板(背面刷氟化钠防腐剂); 18 厚松木毛地板(背面满刷氟化钠防腐剂)45°斜铺(稀铺),上铺非纸胎油毡一层,水泥钉固定 4.40×60 木龙骨中距 400(架空用 40×40×20 木垫块与木龙骨钉牢,垫块中距 400 与基层固定),40×60 横撑中距 800(龙骨、垫块、横撑满刷防腐剂及防火涂料); 50 厚 C15 混凝土基层随打随抹平; 1 厚合成高分子防水涂料; 刷基层处理剂一道; 60 厚 C20 细石混凝土垫层随打随抹; 300 厚 3:7 灰土夯实或 150 厚小毛石灌 M5 水泥砂浆(上皮标高不低于室外地坪); 素土夯实,压实系数≥0.9	木地板品种、规格由设计定,并在施工图中注明;设计要求燃烧性能为 B1 时,应按消防部门有关要求加作相应的防火处理

常用木楼面做法,详见表 5.8。

表 5.8　木楼面做法

木楼面面层类型	构造做法及层次	备　注
强化复合木地板楼面	8 厚强化复合木地板企口刷白乳胶拼接粘铺; 3 厚聚乙烯高弹泡沫垫层; 20 厚 1:3 水泥砂浆找平; 水泥浆水灰比 0.4~0.5 结合层一道; 结构层	

续表

木楼面面层类型	构造做法及层次	备 注
硬木地板楼地面面层	聚酯漆或聚氨酯漆三道； 8～15 厚硬木地板，专用胶粘贴； 20 厚 1：3 水泥砂浆找平； 水泥浆水灰比 0.4～0.5 结合层一道； 结构层	
架空单层硬木地板楼面	聚酯漆或聚氨酯漆面层三道； 50×20 厚长条硬木企口板； 50×70 木龙骨 400 中距（架空 20 高，用木垫块与木龙骨钉牢，垫块 400 中距）用 10 号镀锌铁丝两根与铁鼻子绑牢； 50×50 横撑 800 中距，龙骨垫块、横撑满涂防腐剂； 板内预埋 $\phi6$ 钢筋绑扎铁鼻子 400 中距； 结构层	架空单层硬木地板楼面
单层长条硬木地板楼面	刷地板涂料（地板产品已带油漆者无此道工序），打蜡上光； 50（100）×18 厚硬木平（或企）口席纹拼花地板，膏状建筑胶黏剂粘贴； 40×60 木龙骨中距 400（架空用 40×40×20 木垫块与木龙骨钉牢，垫块中距 400 与基层固定），40×60 横撑中距 800（龙骨、垫块、横撑满刷防腐剂及防火涂料）； 50 厚 C15 混凝土基层随打随抹平； 1 厚合成高分子防水涂料； 刷基层处理剂一道； 60 厚 C20 细石混凝土垫层随打随抹； 300 厚 3：7 灰土夯实或 150 厚小毛石灌 M5 水泥砂浆； 结构层	木地板品种、规格由设计定，并在施工图中注明；设计要求燃烧性能为 B1 时，应按消防部门有关要求加作相应的防火处理
双层长条硬木地板楼面	刷地板涂料（地板产品已带油漆者无此道工序），打蜡上光； 50（100）×18 厚硬木企口长条地板（背面刷氟化钠防腐剂）； 18 厚松木毛地板（背面满刷氟化钠防腐剂）45°斜铺（稀铺），上铺非纸胎油毡一层，水泥钉固定 4.40×60 木龙骨中距 400（架空用 40×40×20 木垫块与木龙骨钉牢，垫块中距 400 与基层固定），40×60 横撑中距 800（龙骨、垫块、横撑满刷防腐剂及防火涂料）； 50 厚 C15 混凝土基层随打随抹平； 1 厚合成高分子防水涂料； 刷基层处理剂一道； 60 厚 C20 细石混凝土垫层随打随抹； 300 厚 3：7 灰土夯实或 150 厚小毛石灌 M5 水泥砂浆（上皮标高不低于室外地坪）； 结构层	木地板品种、规格由设计定，并在施工图中注明；设计要求燃烧性能为 B1 时，应按消防部门有关要求加作相应的防火处理

4）人造软质制品铺贴式楼地面

常见的人造软质制品有塑料地毡、橡胶地毡及地毯等。软质地面施工灵活、维修保养方便、脚感舒适、有弹性、可缓解固体传声、厚度小、自重轻、柔韧、耐磨、外表美观。

（1）塑料类楼地面

塑料类楼地面选用人造合成树脂（如聚氯乙烯等塑化剂）加入适量填充料和颜料经热压而成，在底面衬布。塑料地面品种多样，有卷材和块材、软质和半硬质、单层和多层、单色和复色之分。常用的构造方式详见表 5.9 和表 5.10。

表 5.9　常用塑料地面构造

楼地面面层类型	燃烧性能等级	构造做法及层次	备 注
橡塑合成材料楼地面 1	B2	橡塑合成材料板 1.2~3 厚； 专用胶黏剂粘贴； 20 厚 1:3 水泥砂浆找平； 水泥浆水灰比 0.4~0.5 结合层一道； 100 厚 C10 混凝土垫层； 素土夯实	适用于大多数民用建筑
橡塑合成材料楼地面 2	B2	橡塑合成材料板 1.2~3 厚； 专用胶黏剂粘贴； 改性沥青一布四涂防水层； 1:3 水泥砂浆找坡层，最薄处 20 厚； 水泥浆水灰比 0.4~0.5 结合层一道； 100 厚 C10 混凝土垫层； 素土夯实	设防水层后适用于用水房间及潮湿环境
高档塑料卷材面层 1	B2	高档塑料卷材 4 厚地板浮铺； 20 厚 1:3 水泥砂浆找平； 水泥浆水灰比 0.4~0.5 结合层一道； 100 厚 C10 混凝土垫层； 素土夯实	
高档塑料卷材面层 2	A	高档塑料卷材 4 厚地板浮铺； 20 厚 1:3 水泥砂浆找平； 改性沥青一布四涂防水层； 1:3 水泥砂浆找坡层，最薄处 20 厚； 水泥浆水灰比 0.4~0.5 结合层一道； 100 厚 C10 混凝土垫层； 素土夯实	设防水层后适用于用水房间及潮湿环境

续表

楼地面面层类型	燃烧性能等级	构造做法及层次	备　注
塑胶地板地面		2 厚塑胶地板,建筑胶黏剂粘铺(基层面与塑料地板背面同时涂胶); 3~5 厚自流平水泥找平层; 20 厚 1:2.5 水泥砂浆找平层; 素水泥浆一道; 100 厚 C10 混凝土垫层; 素土夯实	适用于医院、学校、机场、办公、商场等场所
橡胶地板楼面		2~4 厚橡胶地板,建筑胶黏剂粘铺,(基层面与塑料地板背面同时涂胶); 3~5 厚自流平水泥找平层; 20 厚 1:2.5 水泥砂浆找平层; 素水泥浆一道; 100 厚 C10 混凝土垫层; 素土夯实	适用于医院、学校、幼儿园、机场、办公楼、商店、健身房、住宅等防静电、耐油、防滑、耐磨场所;用于滑冰场、高尔夫俱乐部、举重健身房时,应为 9 厚,设计人应在施工图中注明

表 5.10　常用塑料楼面构造

楼地面面层类型	燃烧性能等级	构造做法及层次	备　注
橡塑合成材料楼地面 1	B2	橡塑合成材料板 1.2~3 厚; 专用胶黏剂粘贴; 20 厚 1:3 水泥砂浆找平; 水泥浆水灰比 0.4~0.5 结合层一道; 结构层	适用于大多数民用建筑
橡塑合成材料楼地面 2	B2	橡塑合成材料板 1.2~3 厚; 专用胶黏剂粘贴; 改性沥青一布四涂防水层; 1:3 水泥砂浆找坡层,最薄处 20 厚; 水泥浆水灰比 0.4~0.5 结合层一道; 结构层	设防水层后适用于用水房间及潮湿环境
高档塑料卷材面层 1	B2	高档塑料卷材 4 厚地板浮铺; 20 厚 1:3 水泥砂浆找平; 水泥浆水灰比 0.4~0.5 结合层一道; 结构层	

楼地面面层类型	燃烧性能等级	构造做法及层次	备　注
高档塑料卷材面层 2	A	高档塑料卷材 4 厚地板浮铺； 20 厚 1∶3 水泥砂浆找平； 改性沥青一布四涂防水层； 1∶3 水泥砂浆找坡层，最薄处 20 厚； 水泥浆水灰比 0.4~0.5 结合层一道； 结构层	设防水层后适用于用水房间及潮湿环境
塑胶地板楼面		2 厚塑胶地板,建筑胶黏剂粘铺(基层面与塑料地板背面同时涂胶)； 3~5 厚自流平水泥找平层； 20 厚 1∶2.5 水泥砂浆找平层； 素水泥浆一道； 现浇钢筋混凝土楼板	适用于医院、学校、机场、办公楼、商场等场所
橡胶地板楼面		2~4 厚橡胶地板,建筑胶黏剂粘铺(基层面与塑料地板背面同时涂胶)； 3~5 厚自流平水泥找平层； 20 厚 1∶2.5 水泥砂浆找平层； 素水泥浆一道； 现浇钢筋混凝土楼板	适用于医院、学校、幼儿园、机场、办公楼、商店、健身房、住宅等防静电、耐油、防滑、耐磨场所；用于滑冰场、高尔夫俱乐部、举重健身房时,应为 9 厚,设计人应在施工图中注明

（2）塑胶地面

塑胶地面耐磨防滑,能够有效降低摔倒所造成的伤害,保护人身安全,特别适用于老人和儿童。安装过程中及安装完成后没有丝毫的副作用,无毒无害。燃烧性能等级可达 B1 级。耐腐蚀性能强,不会出现虫蛀,耐多种化学制品的腐蚀,面层用胶黏剂黏结固定。

（3）地毯

大面积地毯的铺设,是先在房间四周安装钉条（图 5.30（c））,地毯铺设平整后,周边钉牢在钉条上（图 5.30（b））,最后用踢脚线遮挡缝隙,见图 5.30（a）。

5）涂料类楼地面

涂料类楼地面是用于水泥砂浆或混凝土地面的表面处理和装饰,能对改善地面的性能起重要作用。常见的涂料有氯—偏共聚乳液涂料、聚醋酸乙烯厚质涂料、聚乙烯醇缩甲醛胶水泥地面涂层、109 彩色水泥涂层及 804 彩色水泥地面涂层、聚乙烯醇缩丁醛涂料、H80 环氧涂料、环氧树脂厚质地面涂层及聚氨醇厚质地面涂层等。这些涂料施工方便、造价低,能提高地面的耐磨性和不透水性,故多用于民用建筑中。但涂料地面涂层较薄,不适于人流较多的公共场所。涂料类楼地面常用的构造方式,详见表 5.11。

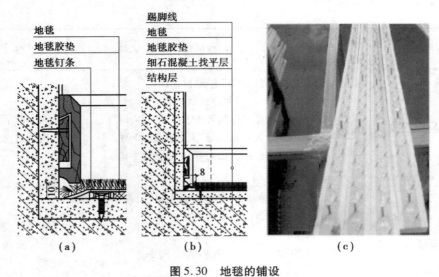

图 5.30　地毯的铺设

表 5.11　常用涂料类楼地面构造举例

楼地面面层类型	燃烧性能等级	构造做法及层次	备　注
合成树脂涂料1	B2	合成树脂类面层； 合成树脂类底层腻子磨平,底层涂料一道； C20 细石混凝土 40 厚,随打随抹光； 水泥浆水灰比 0.4～0.5 结合层一道； 结构层	适用于有清洁要求的场所, 地面结构层做法为: 100 厚 C10 混凝土垫层； 素土夯实
合成树脂涂料2	B2	合成树脂类面层； 合成树脂类底层腻子磨平,底层涂料一道； C20 细石混凝土 40 厚,随打随抹光； 改性沥青一布四涂防水层； 1:3 水泥砂浆找坡层,最薄处 20 厚； 水泥浆水灰比 0.4～0.5 结合层一道； 结构层	设防水层后适用于用水房间及潮湿环境 地面结构层做法为: 100 厚 C10 混凝土垫层； 素土夯实
水泥基自流平1	A	水泥基自流平 12 厚一道； 水泥基自流平界面剂二道； C20 细石混凝土 40 厚,随打随抹光； 水泥浆水灰比 0.4～0.5 结合层一道； 结构层	适用于超市和展厅等 地面结构层做法为: 100 厚 C10 混凝土垫层； 素土夯实
水泥基自流平2	A	水泥基自流平 12 厚一道； 水泥基自流平界面剂二道； C20 细石混凝土 40 厚,随打随抹光； 改性沥青一布四涂防水层； 1:3 水泥砂浆找坡层,最薄处 20 厚； 水泥浆水灰比 0.4～0.5 结合层一道； 结构层	设防水层后适用于用水房间及潮湿环境 地面结构层做法为: 100 厚 C10 混凝土垫层； 素土夯实

楼地面面层类型	燃烧性能等级	构造做法及层次	备　注
自流平环氧胶泥1	B1	自流平环氧胶泥2厚,1厚封闭面层; 环氧底层涂料一道; 水泥基自流平8厚一道; 水泥基自流平界面剂二道; C20细石混凝土40厚,随打随抹光; 水泥浆水灰比0.4~0.5结合层一道; 结构层	适用于实验室和医院等 地面结构层做法为: 100厚C10混凝土垫层; 素土夯实
自流平环氧胶泥2	B1	自流平环氧胶泥2厚,1厚封闭面层 环氧底层涂料一道 水泥基自流平8厚一道 水泥基自流平界面剂二道 C20细石混凝土40厚,随打随抹光 改性沥青一布四涂防水层 1:3水泥砂浆找坡层,最薄处20厚 水泥浆水灰比0.4~0.5结合层一道 结构层	设防水层后适用于用水房间及潮湿环境 地面面层以下做法为: 100厚C10混凝土垫层找坡赶平; 素土夯实

5.5.4　踢脚线构造

踢脚线也称踢脚板,是楼地面与墙面交接处的垂直部位。它可以保护室内墙脚,避免扫地或拖地时污染墙面。踢脚的高度一般为120~150 mm,所用材料与楼地面基本相同,有水泥砂浆、水磨石、木材、石材陶瓷、PVC等,见图5.31。常用踢脚线的构造做法,详见表5.12。

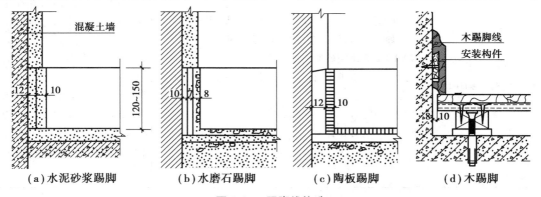

(a)水泥砂浆踢脚　　(b)水磨石踢脚　　(c)陶板踢脚　　(d)木踢脚

图5.31　踢脚线构造

表5.12　常用踢脚线构造做法

踢脚线类型	构造做法及层次	备　注
面砖踢脚(砖墙)	5～10厚面砖,用3～5厚1:1水泥砂浆或建筑胶黏剂粘贴,白水泥浆(或彩色水泥浆)擦缝; 6厚1:2.5水泥砂浆压实抹光; 9厚1:3水泥砂浆打底扫毛; 砖墙	1. 面砖规格、颜色、表面加工的品种由设计定,并在施工图中注明,要求缝宽时用1:1水泥砂浆勾平缝; 2. 擦缝需在铺砖24 h后进行; 3. 楼地面有防潮、防水要求时,需在抹灰面层上附加防水(潮)层,其材料同楼地面,上返高度与踢脚顶面齐平
面砖踢脚 (混凝土墙、混凝土小型空心砌块墙)	5～10厚面砖,白水泥浆(或彩色水泥浆)擦缝; 3～5厚1:1水泥砂浆或建筑胶黏剂粘贴; 6厚1:2水泥砂浆压实抹光; 9厚1:2.5水泥砂浆打底扫毛; 素水泥浆一道; 混凝土墙、混凝土小型空心砌块墙	1. 面砖规格、颜色、表面加工的品种由设计人定,并在施工图中注明,要求缝宽时用1:1水泥砂浆勾平缝; 2. 擦缝需在铺砖24 h后进行; 3. 楼地面有防潮、防水要求时,需在抹灰面层上附加防水(潮)层,其材料同楼地面,上返高度与踢脚顶面齐平
面砖踢脚 (加气混凝土砌块墙)	5～10厚面砖,白水泥浆(或彩色水泥浆)擦缝; 3～5厚1:1水泥砂浆或建筑胶黏剂粘贴; 6厚1:2.5水泥砂浆压实抹光; 9厚1:1:6水泥石灰膏砂浆打底扫毛或刮出纹道; 刷界面处理剂一道; 加气混凝土砌块墙	1. 面砖规格、颜色、表面加工的品种由设计人定,并在施工图中注明,要求缝宽时用1:1水泥砂浆勾平缝; 2. 擦缝需在铺砖24 h后进行; 3. 楼地面有防潮、防水要求时,需在抹灰面层上附加防水(潮)层,其材料同楼地面,上返高度与踢脚顶面齐平

踢脚线类型	构造做法及层次	备　注
面砖踢脚(轻质隔墙)	5 厚面砖,白水泥浆(或彩色水泥浆)擦缝; 3~5 厚 1∶1 水泥砂浆或建筑胶黏剂粘贴; 素水泥浆一道(用建筑胶黏剂时无此道工序); 6 厚 1∶2.5 建筑胶水泥砂浆打底找平; 满贴涂塑中碱玻璃纤维网格布一层,网格 8 目/in, 用 I 型石膏胶黏剂横向粘贴(增强水泥条板、轻钢龙骨纸面石膏板时无此道工序); 轻质隔墙	1.面砖规格、颜色、表面加工的品种由设计人定,并在施工图中注明,要求缝宽时用 1∶1 水泥砂浆勾平缝; 2.擦缝需在铺砖 24 h 后进行; 3.楼地面有防潮、防水要求时,需在抹灰面层上附加防水(潮)层,其材料同楼地面,上返高度与踢脚顶面齐平
花岗石(大理石)踢脚(砖墙)	8~12 厚磨光花岗石(大理石)板,稀水泥浆(或彩色水泥浆)擦缝; 3~5 厚 1∶1 水泥砂浆或建筑胶黏剂粘贴; 6 厚 1∶2.5 水泥砂浆压实抹光; 9 厚 1∶3 水泥砂浆打底扫毛; 砖墙	1.磨光花岗石(大理石)颜色、规格、同楼地面或由设计人定,并在施工图中注明。要求缝宽时用 1∶1 水泥砂浆勾平缝; 2.擦缝需在铺砖 24 h 后进行; 3.楼地面有防潮、防水要求时,需在抹灰面层上附加防水(潮)层,其材料同楼地面,上返高度与踢脚顶面齐平; 4.磨光花岗石(大理石)背面及四周需满涂防污剂
花岗石(大理石)踢脚(混凝土墙、混凝土小型空心砌块墙)	8~12 厚磨光花岗石(大理石)板,稀水泥浆(或彩色水泥浆)擦缝; 3~5 厚 1∶1 水泥砂浆或建筑胶黏剂粘贴; 6 厚 1∶2 水泥砂浆压实抹光; 9 厚 1∶2.5 水泥砂浆打底扫毛; 素水泥浆一道; 混凝土墙、混凝土小型空心砌块墙	1.磨光花岗石(大理石)颜色、规格、同楼地面或由设计人定,并在施工图中注明。要求缝宽时用 1∶1 水泥砂浆勾平缝; 2.擦缝需在铺砖24 h 后进行; 3.楼地面有防潮、防水要求时,需在抹灰面层上附加防水(潮)层,其材料同楼地面,上返高度与踢脚顶面齐平; 4.磨光花岗石(大理石)背面及四周需满涂防污剂

续表

踢脚线类型	构造做法及层次	备　注
花岗石(大理石)踢脚(加气混凝土砌块墙)	8～12 厚磨光花岗石(大理石)板,稀水泥浆(或彩色水泥浆)擦缝; 3～5 厚 1：1 水泥砂浆或建筑胶黏剂粘贴; 6 厚 1：2.5 水泥砂浆压实抹光; 9 厚 1：1：6 水泥石灰膏砂浆打底扫毛或划出纹道; 刷界面处理剂一道; 加气混凝土砌块墙	1.磨光花岗石(大理石)颜色、规格、同楼地面或由设计人定,并在施工图中注明。要求缝宽时用 1：1 水泥砂浆勾平缝; 2.擦缝需在铺砖24 h 后进行; 3.楼地面有防潮、防水要求时,需在抹灰面层上附加防水(潮)层,其材料同楼地面,上返高度与踢脚顶面齐平; 4.磨光花岗石(大理石)背面及四周需满涂防污剂
花岗石(大理石)踢脚(轻质隔墙)	8～12 厚磨光花岗石(大理石)板,稀水泥浆(或彩色水泥浆)擦缝; 3～5 厚 1：1 水泥砂浆或建筑胶黏剂粘贴; 素水泥浆一道(用专用胶粘贴时无此道工序); 6 厚 1：2.5 建筑胶水泥砂浆打底找平; 满贴涂塑中碱玻璃纤维网格布一层,网格 8 目/in,用 I 型石膏胶黏剂横向粘贴(增强水泥条板、轻钢龙骨纸面石膏板时无此道工序); 轻质隔墙	1.磨光花岗石(大理石)颜色、规格、同楼地面或由设计人定,并在施工图中注明。要求缝宽时用 1：1 水泥砂浆勾平缝; 2.擦缝需在铺砖 24 h 后进行; 3.楼地面有防潮、防水要求时,需在抹灰面层上附加防水(潮)层,其材料同楼地面,上返高度与踢脚顶面齐平; 4.磨光花岗石(大理石)背面及四周需满涂防污剂
钛金不锈钢覆面地砖踢脚(砖墙)	8～10 厚钛金不锈钢覆面砖踢脚,建筑胶黏剂粘贴,白水泥浆(或彩色水泥浆)擦缝; 6 厚 1：2.5 水泥砂浆结合层; 9 厚 1：3 水泥砂浆打底扫毛; 砖墙	1.钛金不锈钢覆面地砖规格、颜色由设计人定,并在施工图中注明; 2.擦缝需在铺砖 24 h 后进行
钛金不锈钢覆面地砖踢脚(加气混凝土砌块墙)	8～10 厚钛金不锈钢覆面砖踢脚,建筑胶黏剂粘贴,白水泥浆(或彩色水泥浆)擦缝; 6 厚 1：2.5 水泥砂浆结合层; 9 厚 1：1：6 水泥石灰膏砂浆打底扫毛或刮出纹道;刷界面处理剂一道; 加气混凝土砌块墙	1.钛金不锈钢覆面地砖规格、颜色由设计人定,并在施工图中注明; 2.擦缝需在铺砖 24 h 后进行

踢脚线类型	构造做法及层次	备 注
成品木踢脚 （直接粘贴,砖墙）	打蜡; 成品木踢脚建筑胶黏剂粘贴; 钻孔塞粘固定 φ35 长 60 圆木塞,中距 400(上、下错开); 6 厚 1：2.5 水泥砂浆找平; 9 厚 1：3 水泥砂浆打底扫毛; 砖墙	1.设计要求燃烧性能为 B1时,应按消防部门有关要求加作相应的防火处理; 2.楼地面有防潮、防水要求时,需在抹灰面层上附加防水(潮)层,其材料同楼地面,上返高度与踢脚顶面齐平
成品木踢脚 （直接粘贴,混凝土墙、混凝土小型空心砌块墙）	打蜡; 成品木踢脚建筑胶黏剂粘贴; 钻孔塞粘固定 φ35 长 60 圆木塞,中距 400(上、下错开); 6 厚 1：2 水泥砂浆找平; 9 厚 1：2.5 水泥砂浆打底扫毛; 素水泥浆一道; 混凝土墙、混凝土小型空心砌块墙	设计要求燃烧性能为 B1时,应按消防部门有关要求加作相应的防火处理; 2.楼地面有防潮、防水要求时,需在抹灰面层上附加防水(潮)层,其材料同楼地面,上返高度与踢脚顶面齐平
装饰玻璃板踢脚 （加气混凝土砌块墙）	12~18 厚装饰玻璃板(用铝合金或钛金不锈钢收口条收口),专用胶粘贴; 6 厚 1：2.5 水泥砂浆压实赶光; 9 厚 1：1：6 水泥石灰膏砂浆打底扫毛或划出纹道; 刷界面处理剂一道; 加气混凝土砌块墙	装饰玻璃有微晶玻璃、幻影玻璃、镭射玻璃,具体选用的材料品种同楼地面或由设计人定,并在施工图中注明
复合塑胶地板踢脚（砖墙）	2~3.55 厚复合塑胶地板,建筑胶黏剂粘贴(基层面与塑胶地板背面同时涂胶),打上光蜡; 6 厚 1：2.5 水泥砂浆压实抹光; 9 厚 1：3 水泥砂浆打底扫毛; 砖墙	复合塑胶地板踢脚颜色、品种同楼地面或由设计人定,并在施工图中注明
复合塑胶地板踢脚（混凝土墙、混凝土小型空心砌块墙）	2~3.55 厚复合塑胶地板,建筑胶黏剂粘贴(基层面与塑胶地板背面同时涂胶),打上光蜡; 6 厚 1：2 水泥砂浆压实抹光; 9 厚 1：2.5 水泥砂浆打底扫毛; 素水泥浆一道; 混凝土墙、混凝土小型空心砌块墙	复合塑胶地板踢脚颜色、品种同楼地面或由设计人定,并在施工图中注明

续表

踢脚线类型	构造做法及层次	备　注
塑胶地板踢脚 （混凝土墙、混凝土 小型空心砌块墙）	2 厚塑胶地板,建筑胶黏剂粘贴(基层面与塑胶地板背面同时涂胶); 6 厚 1∶2 水泥砂浆压实抹光; 9 厚 1∶2.5 水泥砂浆打底扫毛; 素水泥浆一道; 混凝土墙、混凝土小型空心砌块墙	塑胶地板踢脚颜色、品种同楼地面或由设计人定,并在施工图中注明
塑胶地板踢脚 （加气混凝土砌块墙）	2 厚塑胶地板,建筑胶黏剂粘贴(基层面与塑胶地板背面同时涂胶); 6 厚 1∶2.5 水泥砂浆压实赶光; 9 厚 1∶1∶6 水泥石灰膏砂浆打底扫毛或划出纹道; 刷界面处理剂一道; 加气混凝土砌块墙	塑胶地板踢脚颜色、品种同楼地面或由设计人定,并在施工图中注明
橡胶地板踢脚（砖墙）	2～4 厚橡胶地板,建筑胶黏剂粘贴(基层面与地板背面同时涂胶); 6 厚 1∶2.5 水泥砂浆压实抹光; 9 厚 1∶3 水泥砂浆打底扫毛; 砖墙	橡胶弹性地板铺踢脚颜色、品种同楼地面或由设计人定,并在施工图中注明
橡胶地板踢脚 （混凝土墙、混凝土 小型空心砌块墙）	2～4 厚橡胶地板,建筑胶黏剂粘贴(基层面与地板背面同时涂胶); 6 厚 1∶2 水泥砂浆压实抹光; 9 厚 1∶2.5 水泥砂浆打底扫毛; 素水泥浆一道; 混凝土墙、混凝土小型空心砌块墙	橡胶弹性地板铺踢脚颜色、品种同楼地面或由设计人定,并在施工图中注明

5.5.5　吊顶

吊顶的作用是遮饰管线,隔热、隔声,美化室内,压缩空间容积以改良室内音质或降低能耗等。

用金属材料、矿物材料、聚氯乙烯材料(PVC)、复合材料等做吊顶较为普遍,它们的自重较轻,燃烧性能等级均为 A 级或 B1 级,基本能满足建筑防火的规定。

(1)金属材料吊顶

大量使用的有金属扣板(图 5.32)、金属格栅(图 5.33)等,造型的种类有条形、方形、多边形。金属材料吊顶的燃烧性能等级均为 A 级,防水性较好,构造层次一般为:楼板、膨胀螺栓、金属吊杆、金属龙骨、面板。

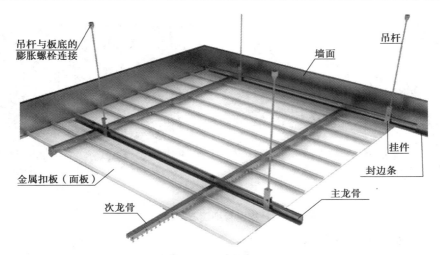

图 5.32 金属扣板构造

图 5.33 金属格栅吊顶效果

（2）矿物材料吊顶

大量使用的有矿棉板、纸面石膏板、硅钙板、石膏制品等。其燃烧性能等级均为 A 级,防水性稍差。构造层次一般为:楼板、膨胀螺栓、金属吊杆(丝)、金属龙骨、面板及饰面材料。

用量最多的是矿棉吸音板(图 5.34)和纸面石膏板(图 5.35)。矿棉吸音板吊顶较轻,安装方便,不需二次装修。纸面石膏板吊顶完工后,还需对其表面进行装饰,如做乳胶漆面层等。

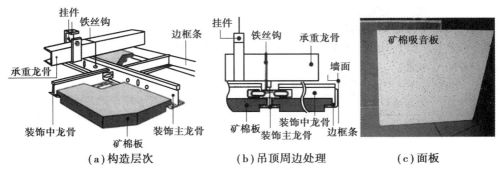

（a）构造层次 （b）吊顶周边处理 （c）面板

图 5.34 矿棉吸音板吊顶

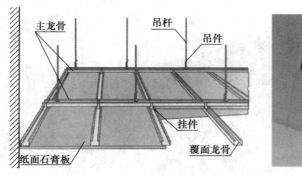

（a）构造层次 　　　　　　　　　（b）施工安装

图 5.35　轻钢龙骨纸面石膏板吊顶

常用天棚抹灰及吊顶做法，详见表 5.13。

表 5.13　常用天棚抹灰及吊顶做法

编号	做法名称	构造层次	防火等级	备　注
1	刮腻子涂料顶棚	现浇钢筋混凝土楼板； 素水泥浆一道，当局部底板不平时，聚合物水泥砂浆找补； 满刮 2～3 厚柔性耐水腻子分遍找平； 内墙涂料		
2	麻刀灰涂料顶棚	现浇钢筋混凝土楼板； 素水泥浆一道； 6 厚 1：3：9 水泥石灰膏砂浆打底扫毛或划出纹道； 3 厚麻刀灰罩面； 内墙涂料		
3	水泥砂浆涂料顶棚	现浇钢筋混凝土楼板； 素水泥浆一道； 7 厚 1：2.5 水泥砂浆打底扫毛或划出纹道； 7 厚 1：2 水泥砂浆找平； 内墙涂料		
4	混合砂浆涂料顶棚	现浇钢筋混凝土楼板； 素水泥浆一道； 7 厚 1：0.5：3 水泥石灰膏砂浆打底扫毛或划出纹道； 7 厚 1：0.5：2.5 水泥石灰膏砂浆找平； 内墙涂料		

续表

编号	做法名称	构造层次	防火等级	备　注
5	贴壁纸顶棚	现浇钢筋混凝土楼板； 素水泥浆一道； 7厚1:0.5:3水泥石灰膏砂浆打底； 7厚1:0.3:2.5水泥石灰膏砂浆压实抹光； 2~3厚柔性耐水腻子分遍找平； 刷(喷)封闭底漆一道； 贴壁纸,在纸背面和墙上均刷专用胶黏剂		
6	穿孔胶合板吸声吊顶	现浇钢筋混凝土楼板； φ8钢筋吊杆,双向中距900~1 200,3.50×70木主龙骨中距900~1 200,与上部吊杆固定； 50×50木次龙骨(正面刨平),中距450~600； 50厚袋装超细玻璃棉置于龙骨之间； 5厚穿孔胶合板； 刷无光油漆； 钉装饰条遮缝		
7	纸面石膏板吊顶	现浇钢筋混凝土楼板； φ8钢筋吊杆,中距横向≤800,纵向429； U型轻钢龙骨CB60×27,中距429； U型轻钢龙骨横撑CB60×27,中距1 200； 9.5厚纸面石膏板,用自攻螺钉与龙骨固定,中距≤200； 满刷氯偏乳液防潮涂料两道(用防水石膏板时无此道工序),纵横方向各刷一道； 满刮2厚面层耐水腻子找平； 面饰内墙涂料		
8	装饰石膏板吊顶	现浇钢筋混凝土楼板； T型轻钢主龙骨TB24×38,中距≤1 200,龙骨吸顶吊件用膨胀螺栓与钢筋混凝土板固定； T型轻钢次龙骨TB24×28,中距600或1 200； 12厚装饰石膏板面层,规格592×592		
9	硅酸钙板吊顶	现浇钢筋混凝土楼板； T型轻钢主龙骨TB24×38,中距600,用膨胀螺栓与钢筋混凝土板固定,中距横向≤1 200,纵向600； T型轻钢次龙骨TB24×28,中距600； 硅酸钙板600×600面层,用自攻螺钉与龙骨固定,中距≤200； 满刮2厚面层耐水腻子分遍找平； 刷内墙涂料		

续表

编号	做法名称	构造层次	防火等级	备 注
10	PVC 板吊顶	现浇钢筋混凝土楼板； φ8 钢筋吊杆,中距横向 500,纵向≤900； 轻钢主龙骨 CB50×20 中距 500,用吊件直接吊挂在预留钢筋吊杆下； U 型轻钢次龙骨 CB50×20； PVC 板面层,用自攻螺钉固定； 钉(粘)塑料线条		
11	铝塑板吊顶	现浇钢筋混凝土楼板； φ8 钢筋吊杆,双向中距≤1 200； U 型轻钢主龙骨 CB60×27,中距≤1 200； U 型轻钢次龙骨 CB50×20,中距≤600 或同板宽； 9 厚胶合板衬板,用自攻螺钉与龙骨固定； 室内用铝塑板面层,专用胶黏剂粘贴		
12	铝合金扣板吊顶	现浇钢筋混凝土楼板； φ8 钢筋吊杆,中距横向 500,纵向≤900； 轻钢主龙骨 CB50×20,中距 500,用吊件直接吊挂在预留钢筋吊杆下； U 型轻钢次龙骨 CB50×20； 0.5～0.8 厚铝合金扣板； 钉(粘)铝压条		
13	铝合金条板吊顶	现浇钢筋混凝土楼板； φ8 钢筋吊杆,中距横向≤1 500,纵向≤1 200； U 型轻钢主龙骨 CB50×26,中距≤1 500,与钢筋吊杆固定； U 型轻钢次龙骨 CB38×12,中距≤1 200； 0.8～1.0 厚铝合金搭接型条板面层		
14	铝合金方板吊顶	现浇钢筋混凝土楼板； φ8 钢筋吊杆,中距横向≤1 200,纵向 600； T 型轻钢主龙骨 TB23×32,中距 600,与钢筋吊杆固定； T 型轻钢次龙骨 TB23×26,中距 600 或 500、1 200； 0.5～0.8 厚铝合金穿(或不穿)孔方板面层,嵌入式或浮置式安装		

编号	做法名称	构造层次	防火等级	备　注
15	铝合方格栅吊顶	现浇钢筋混凝土楼板； φ8 钢筋吊杆,双向中距≤1 500 U 型轻钢龙骨 CB38×12,中距≤1 500,找平后与钢筋吊杆固定； 0.5 厚铝板方格栅表面喷塑		
16	金属花格栅吊顶	现浇钢筋混凝土楼板； φ8 钢筋吊杆,双向中距≤1 500； U 型轻钢龙骨 CB38×12,中距≤1 500,与钢筋吊杆固定； T 型轻钢次龙骨 TB23×32,中距1 000； T 型轻钢龙骨(横撑)TB23×26,中距1 000； 1.0 厚铝片或0.55 厚镀锌钢板花格栅1 000×1 000×50 挂在龙骨上		
17	粘贴矿棉吸声板顶棚	现浇钢筋混凝土楼板； 素水泥浆一道甩毛； 5 厚1:3 水泥砂浆打底扫毛或划出纹道； 5 厚1:0.5:2.5 水泥石灰膏砂浆找平； 12 厚矿棉吸声板面层,用建筑胶粘贴		
18	矿棉吸声板吊顶	现浇钢筋混凝土楼板； T 型轻钢主龙骨 TB24×38,中距600,用膨胀螺栓与钢筋混凝土板固定,中距横向≤1 200,纵向600； T 型轻钢次龙骨 TB24×28,中距600 或1 200 12 厚矿棉吸声板面层,规格592×592		

复习思考题

1. 楼面和地面有何不同?
2. 较大房间适宜选用哪些类型的楼板?
3. 楼面的构造有哪些要求?
4. 预制平板、槽板和空心板的合适跨度各是多少?
5. 预制楼板与现浇楼板各有什么特点?
6. 实木地板(天然木地板)有哪些铺装方法?
7. 为什么变形缝必须用弹性材料封缝?
8. 轻钢龙骨纸面石膏板吊顶是楼面的一部分吗?
9. 试分析玻化砖被广泛使用的原因。
10. 试分析强化木地板被广泛使用的原因。

楼梯与电梯

[本章导读]

　　通过本章学习,应了解楼梯的各种形式和类型,以及它们的特点、适用范围和结构;熟悉楼梯、台阶和栏杆的设计参数;掌握梯段与建筑主体的连接构造,以及与栏杆的连接构造;熟悉栏杆的类型和构造特点;了解电梯的特点和构造。

6.1 概 述

1)相关概念

　　建筑物各个不同楼层或高差间的竖向联系,依靠楼梯、电梯、自动扶梯、台阶、坡道以及爬梯等设施来实现。楼层之间的垂直交通构件为楼梯,一般梯段下面有空间;高差之间的联系构件为台阶,一般下面填实。

　　楼梯是垂直交通和紧急疏散的主要设施。电梯用于7层及7层以上的多层建筑和高层建筑,也用于标准较高的低层建筑。即使以电梯或自动扶梯为主要竖向交通的建筑物,也必须设置楼梯以供紧急疏散用。自动扶梯用于人流量大的公共建筑如商场和候车楼等。台阶用于室内外高差之间的联系。坡道是用于建筑内外的无障碍交通,供轮椅、自行车和汽车使用。爬梯供检修和生产场所使用。

2)楼梯设计要求

　　①功能方面要求:楼梯的位置、数量、踏步宽度和长度、楼梯平面形式以及细部构造等,均应满足功能的要求。

②结构方面要求:楼梯应具有足够的承载能力和稳定性。

③防火、安全方面的要求:楼梯间距、数量以及楼梯间形式、采光、通风等,均应满足现行防火规范的要求,以保证疏散安全。

④施工、经济方面的要求:应使楼梯在施工中更为方便,在造价上更合理。

6.2 楼梯类型

楼梯类型的选择,要根据建筑物的性质、楼层高度、楼梯的位置、楼梯间的平面形状、人流量的大小等综合考虑。

1)按材料分类

以材料(包括踏步)分类,有木楼梯(图6.1(a))、钢筋混凝土楼梯、金属楼梯(图6.1(b))、玻璃楼梯和组合楼梯(图6.1(c))等。

(a)木楼梯　　　　　　　(b)金属楼梯　　　　　　　(c)玻璃楼梯

图6.1　不同材料制作的楼梯

2)按使用性质分类

①主要楼梯:一般布置在建筑门厅内明显的位置或靠近主入口的位置,尺度较大。

②辅助楼梯:设置在建筑的次要出入口或建筑适当的位置,如建筑走廊转折处,作为较小的人流使用或供紧急疏散用。

③消防楼梯:专供消防和安全疏散使用。当建筑内部楼梯的数量与位置未满足消防及安全疏散的要求时,常在建筑的端部设置开敞式疏散楼梯。

3)按楼梯位置分类

按位置的不同,可分为室外楼梯与室内楼梯。在地震设防要求较高的地区,楼梯间不宜设置在房屋尽端或转角处。

4)按楼梯形式分

(1)直跑式楼梯

①直行单跑楼梯。直跑楼梯中间没有休息平台,多用在层高较小或楼梯较陡的建筑中,其连续踏步数不超过18级,见图6.2(a)。

（a）直行单跑梯　　　　　　　（b）直行双跑梯　　　　　　　（c）直行多跑梯

图6.2　直跑式楼梯类型

②直行多跑楼梯。此种楼梯是直行单跑楼梯的延伸,仅增设了中间平台,将梯段由一个变为多个,如图6.2(b)和(c)所示。直行多跑楼梯给人以直接、顺畅的感觉,导向性强,在公共建筑中常用于主要入口处或人流较多的大厅,但不宜用于多楼层间的联系。

（2）平行双跑楼梯

平行双跑楼梯是一般建筑物中最常见的,借助楼梯上完一层楼刚好又回到相邻楼层起步方位,与梯间的回转往复性吻合。上下多层楼面时比直跑楼梯节约交通面积,其平面形状和尺寸也可与房间相同,是便于平面组合的楼梯形式,见图6.3(a)。

（a）平行双跑梯　　　　　　　（b）合上双分梯　　　　　　　（c）折行多跑梯

图6.3　双跑及多楼梯

（3）平行双分双合楼梯

①合上双分式。第一跑是一个梯段,在梯间中部,上至中间平台处分开为两个梯段直至上层,通常在人流多、梯间和楼段宽度较大时采用,见图6.3(b)。因其造型的对称严谨性,常用作办公类建筑的主要楼梯。

②分上双合式。楼梯第一跑为两个平行的较窄梯段,在休息平台处合成一个较宽的梯段,平台下方便设置出入口。

（4）折行多跑楼梯

①折行双跑楼梯。这种楼梯的人流导向比较自由,其折角可变,大于90°时,由于其行进方向性类似直行双跑梯,故常用于导向性强、仅上一层楼的影剧院、体育馆等建筑的门厅中;折角小于90°时,其行进方向的回转延续性有所改良,形成三角形楼梯间。

②折行多跑楼梯。这种楼梯中部有较大的梯井,常用于层高较大的公共建筑,见图6.3 (c)。因为楼梯井较大,不安全,因此不能用于少年儿童较多的建筑内。

(5)交叉、剪刀楼梯

①交叉楼梯:由两个相向而行的直行单跑楼梯梯段并列布置,两个梯段同在一个楼梯间内,空间相通。对防火和疏散来说,只算一个安全疏散通道,但开了两个口。交叉楼梯通行的人流较大,且为人流提供了两个方向,对于楼层的人流多方向进入有利,一般用于低层及多层建筑,见图6.4。

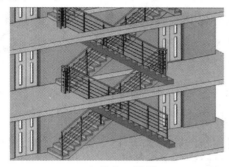

（a)室外交叉楼梯　　　　　　　　　（b)室内交叉楼梯

图6.4　交叉楼梯

②剪刀楼梯:由两个直行单跑楼梯间并列布置而成的,被平台板、隔墙和梯段分隔成两个互不相通的竖向交通空间,见图6.5。对防火和疏散来说,一个剪刀梯算两个安全疏散通道和两个安全疏散口,当然两个口的净距必须大于5 m。它适用于高层住宅等各层需要两个疏散口且平面布置较紧凑的建筑。

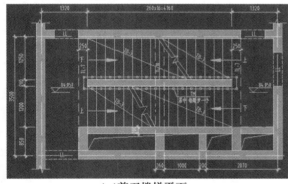

（a)剪刀楼梯平面　　　　　　　　　（b)剪刀楼梯内部

图6.5　剪刀楼梯

(6)螺旋式楼梯

螺旋式楼梯通常平面呈圆形,上一层楼的旋转角度一般大于360°,平台和踏步均为扇面,踏步内侧宽度小,坡度较陡,见图6.6。螺旋式楼梯不能用于主要交通,也不能作为安全疏散通道。因其造型较为美观,常作为建筑小品布置在室内。螺旋楼梯和无中柱的弧形楼梯一样,离柱面或内侧扶手中心0.25 m处的踏步宽度不应小于0.22 m。

(7)弧形楼梯

弧形楼梯的回转半径大,平面未构成水平投影圆。其扇形踏步的内侧宽度较大,坡度可以平缓,可用作主要交通和疏散通道,见图6.7。弧形楼梯常布置在公共建筑内,具有明显的导向性和优美的造型,弧形楼梯一般采用现浇钢筋混凝土结构,其最小踏步尺寸要求同螺旋梯。

(a)钢木螺旋梯

(b)金属螺旋梯

图6.6　螺旋楼梯

图6.7　弧形楼梯

5)按照安全疏散划分楼梯间

设置楼梯的房间称为楼梯间。由于不同类型建筑的防火和安全疏散要求不同,就有开敞式楼梯间、封闭式楼梯间和防烟楼梯间三种形式可选择。

(1)开敞式楼梯间(图6.8(a))

建筑高度不大于21 m的住宅建筑可采用敞开楼梯间;与电梯井相邻布置的疏散楼梯应采用封闭楼梯间,当户门采用乙级防火门时,仍可采用敞开楼梯间;建筑高度大于21 m、不大于33 m的住宅建筑应采用封闭楼梯间;当户门采用乙级防火门时,可采用敞开楼梯间。

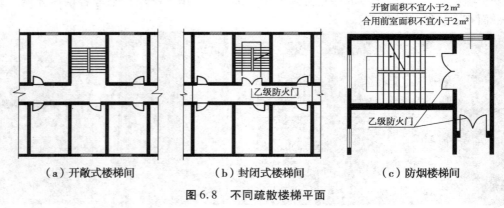

| （a）开敞式楼梯间 | （b）封闭式楼梯间 | （c）防烟楼梯间 |

图6.8　不同疏散楼梯平面

(2)封闭式楼梯间(图6.8(b))

裙房和建筑高度不大于32 m的二类高层公共建筑,其疏散楼梯应采用封闭楼梯间。多层公共建筑的疏散楼梯,除与敞开式外廊直接相连的楼梯间外,均应采用封闭楼梯间。使用封闭式楼梯间的建筑主要包括:医疗建筑、旅馆、公寓、老年人建筑及类似使用功能的建筑;设置歌舞娱乐放映游艺场所的建筑;商店、图书馆、展览建筑、会议中心及类似使用功能的建筑;6层及以上的其他建筑。

封闭式楼梯间的设计要求如下:

①楼梯间应有直接的采光和通风。若不能直接采光和自然通风时,应按防烟楼梯间规定设置。

②楼梯间应设置乙级防火门,火灾时能与楼层的公共通道隔开,门应向疏散方向开启。

③楼梯间的首层紧接主要出入口时,可将走道和门厅等包括在楼梯间内,形成扩大封闭楼梯间,但应采用乙级防火门与其他走道和房间分开。

(3)防烟楼梯间(图6.8(c))

建筑高度大于33 m的住宅建筑应采用防烟楼梯间。同一楼层或单元的户门不宜直接开向前室,确有困难时,开向前室的户门不应大于3樘且应采用乙级防火门。住宅单元的疏散楼梯,当分散设置确有困难且任一户门至最近疏散楼梯间入口的距离不大于10 m时,可采用剪刀楼梯间,但应采用防烟楼梯间,见图6.9。防烟楼梯间的设计要求如下:

①楼梯间与公共通道之间,应设防烟前室、开敞阳台或凹廊,火灾时浓烟不能进入梯间。

②公共建筑防烟前室不小于6 m²,居住建筑不应小于4.5 m²。

③防烟前室和楼梯间的门均应为乙级防火门,并应向疏散方向开启。

④防烟前室和楼梯间应有自然排烟或机械加压送风的防烟措施。

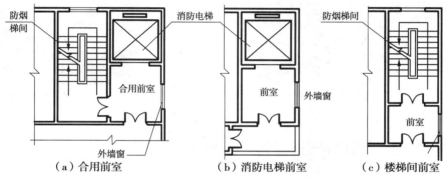

（a）合用前室　　　（b）消防电梯前室　　　（c）楼梯间前室

图6.9　不同类型前室

6)按结构类型分

按照结构类型分,楼梯有板式、梁式、悬臂式、墙承式和悬挂式等。

(1)板式楼梯

板式楼梯又有预制和现浇之分,预制板式楼梯是将梯段做成一块板,板的两端支承在平台处的平台梁上,平台梁和休息平台支承在墙上。现浇板式楼梯是将梯段与平台梁甚至平台整浇成一体。现浇板式楼梯受力简单、施工方便,目前大部分采用现浇,见图6.10。现浇板式楼梯还包括扭板式楼梯,见图6.11。

图6.10　现浇板式楼梯　　　图6.11　扭板式楼梯　　　图6.12　梁式楼梯仰视

(2)梁式楼梯

梁式楼梯也有预制和现浇之分,预制楼梯的特点是将预制踏步板支承在斜梁上构成梯段。斜梁两端支承在平台梁上,平台梁又支承在梯间的墙或柱上,踏步板有多种形式。现浇梁式楼梯是将上述构件在现场浇筑成整体,特点是梯段较长时比较经济,但支模及施工都比板式楼梯复杂,外观也显得笨重,见图6.12。梁式楼梯还包括梁悬臂楼梯,见图6.13。

(3)墙悬臂式楼梯

墙悬臂式楼梯是踏步板一端支承在梯间墙上,另一端悬挑的楼梯类型,见图6.14。

(4)墙承式楼梯

墙承式楼梯的踏步板两端均支承在梯间墙上,如果是双跑平行梯,两梯段之间也有承重墙,见图6.15。

图6.13 梁悬臂式楼梯

图6.14 墙悬臂式楼梯

6.3 楼梯的组成与尺度

1)楼梯的组成

楼梯一般由楼梯段、楼梯平台和栏杆(或栏板)三部分组成,见图6.16。

图6.15 墙承式楼梯

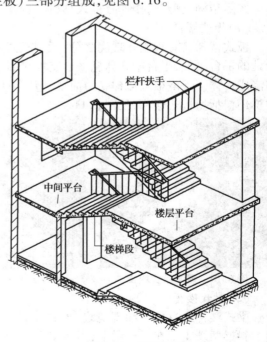

图6.16 楼梯组成

（1）楼梯段

楼梯段是楼梯联系两个不同高度平台的倾斜构件。为减少人们上下楼梯时的疲劳,一段楼梯的踏步数最好不超过18级、不少于3级(级数过少易被忽视,有可能造成伤害)。

（2）楼梯平台

楼梯平台是指两个梯段间的水平板,起缓解行人疲劳和改变行进方向的作用,也称为中间平台或休息平台。与楼面等高的平台还有缓冲人流的功能,称为楼层平台。

（3）栏杆(栏板)和扶手

梯段及平台边缘的安全保护构件,实心的称为栏板,漏空的称为栏杆。栏杆或栏板上部的供人们抓握倚扶的配件是扶手,应可靠坚固,并有足够的高度和抗侧面冲击倾覆的能力。当楼梯宽度不大时,只在梯段临空面设置;当楼梯宽度较大时(大于1.4 m),非临空面也应设扶手;当宽度很大时(大于2.2 m),还应在梯段中间设置扶手。

楼梯位置应明显,起到提示引导人流的作用,除了造型美观、人流通行顺畅、行走舒适、结构坚固、防火安全外,同时还应满足施工和经济条件的要求。因此,需要合理选择楼梯的形式、坡度、材料和构造做法。

2）楼梯的尺度

（1）楼梯的梯段宽度

楼梯的宽度和使用人流数、建筑的类型、耐火等级、安全疏散要求等因素有关。一般按每股人流宽为0.55 m+(0~0.15)m考虑,每个楼梯应不少于两股人流。0~0.15 m是人体在行进中的摆幅,人流较多的公共建筑中应取上限值。一般单股人流通行梯段宽为0.85 m,双股人流通行梯段宽为1.1~1.4 m,三股人流通行时梯段宽为1.65~2.1 m,见表6.1。

表6.1　楼梯的梯段宽度

类　别	梯段宽度/mm	备　注
单人通过	>900	—
双人通过	1 100~1 400	—
三人通过	1 650~2 100	—

（2）楼梯的坡度

楼梯段的坡度越缓,行走越舒适,但会加大楼梯间的进深,增加建筑面积;楼梯的坡度越陡,行走越吃力,但楼梯间的面积相应减小。一般来说,公共建筑中使用人数少的楼梯,坡度可大些;专供幼儿和老年人使用的楼梯坡度应平缓些。

楼梯常见坡度为20°~45°,其中,30°左右多用于公共建筑,其踏步宽300 mm、高150 mm,尺寸符合模数且行走舒适。楼梯的最大坡度不宜大于38°;坡度小于20°时,应采用坡道形式;若其倾斜角度坡度大于45°时,则采用爬梯,见图6.17。

3）踏步尺寸

梯段有若干踏步,踏步由水平踏面和垂直踢面组成,踏面宽度与人们的脚长和上下楼梯时的习惯有关。两个踢面高度与一个踏面宽度之和,应与人的跨步长度吻合,该值过大或过小,行走都不方便,确定踏步尺寸的经验公式为:$2h+b=600~620$ mm,或者$h+b=450$ mm,见

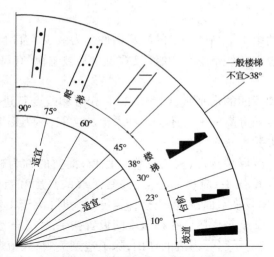

图 6.17　爬梯、楼梯和坡道的坡度范围

图 6.18(a)。620 mm 表示一般人的步幅,h 为踏步高度,b 为踏步宽度。踏步常用尺寸范围,见表 6.2。

表 6.2　常用楼梯适用踏步尺寸　　　　　　　　　　单位:m

楼梯类别	最小宽度	最大高度
住宅公用楼梯	0.26	0.175
幼儿园、小学校等楼梯	0.26	0.15
电影院、剧场、体育馆、商场、医院、旅馆和大中学校等楼梯	0.28	0.16
其他建筑楼梯	0.26	0.17
专用疏散楼梯	0.25	0.18
服务楼梯、住宅套内楼梯	0.22	0.20

注:无中柱螺旋楼梯和弧形楼梯离内侧扶手中心 0.25 m 处的踏步宽度不应小于 0.22 m。

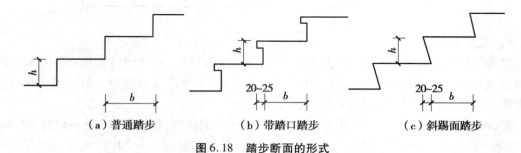

　　（a）普通踏步　　　　　　（b）带踏口踏步　　　　　（c）斜踢面踏步

图 6.18　踏步断面的形式

　　为适应人在上楼梯时脚的活动情况,在不增加楼梯间进深的情况下可加宽踏面,见图 6.18(b);或将踢面做倾斜,见图 6.18(c),使踏面长度约挑出踢面 20~25 mm,使踏步实际宽度大于其水平投影宽度。

　　4)平台宽度

　　楼梯平台分为中间平台和楼层平台。梯段改变方向时,扶手转向端处的平台最小宽度不应小于梯段宽度,且不得小于1.2 m。开敞式楼梯间楼层平台可以和走廊合并使用;封闭楼梯间及防烟楼梯,楼层平台应与中间平台一致或更宽松些,以便于人流疏散。在图6.19所示情况中,出于安全考虑,平台边线应退离转角或门边大约一个踏面的宽度或更多。

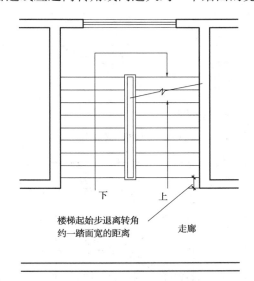

楼梯起始步退离转角
约一踏面宽的距离　　　　　走廊

图6.19　梯间与走道间应考虑缓冲

5)梯井宽度

梯井是梯段之间的空隙,从底层到顶层贯通。平行多跑楼梯可不设梯井,但为方便梯段施工,应留足施工缝。梯井的宽度以60～200 mm为宜,若大于200 mm,应考虑设置安全措施。托儿所、幼儿园、中小学及少年儿童专用活动场所的楼梯,梯井大于110 mm时,必须采取防止少年儿童攀爬楼梯扶手的措施,例如将扶手做成不连贯的造型,见图6.20(a)。

6)楼梯净空高度

楼梯净空高度是指平台或梯段下通行人或物件时,需要的竖向净高度。平台下应大于2.00 m,梯段下净高应大于2.20 m。底层楼梯间平台下的出入过道的净高应不小于2.00 m,见图6.20(b)。

当楼梯平台下做通道或出入口时,为满足通行的净高要求,可采用以下方式解决:

①将底层首跑加长,形成长短跑,以抬高中间平台标高,使平台下能够通行。这种方式在楼梯进深较大时使用,见图6.20(c)。

②加大室内外高差,并局部降低底层中间平台下的地坪标高,以满足净空高度的要求。这种方式可使梯段一致,但会增加填土方量,见图6.20(d)。

③既采取长短跑梯段,又适当降低底层中间平台下的地坪标高,见图6.20(e)。

④底层用直行楼梯段直接从室外上二层。这种方式常用于住宅建筑,设计时需要注意入口处雨篷的高度,保证与梯段的净空高度在2 m以上,见图6.20(f)。在不上屋面楼梯间顶层,由于局部净空大,可在满足楼梯净空要求情况下加以利用,做成小储藏间等。

⑤梯间设计。建筑施工图阶段,梯间设计主要应确定几个重要参数,以双跑平行梯为例(单位为mm):

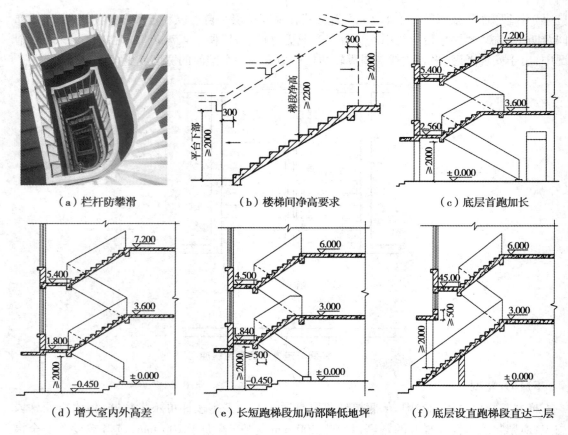

| （a）栏杆防攀滑 | （b）楼梯间净高要求 | （c）底层首跑加长 |
| （d）增大室内外高差 | （e）长短跑梯段加局部降低地坪 | （f）底层设直跑梯段直达二层 |

图6.20　楼梯与栏杆

a. 梯段宽=梯间开间净空尺寸-梯井宽(60~200)/2。

b. 踏步高:可选150~170。

c. 踢面数=层高/2(梯段数)/150~170(踏步高)。

d. 踏步宽:270~300。

e. 踏面数=踢面数-1,就是说踏面总数比踢面总数会少一个,因为有一个踏面已和平台融为一体。计算以后,会作出一些调整,以便使各构件的尺寸能成为一个整数并符合模数,而且构件的规格最少。

⑥平台净宽≥梯段净宽。

6.4　楼梯细部构造

6.4.1　踏步面层及防滑处理

踏步面层应便于行走、耐磨、防滑,便于清洁和美观。梯间地面材料,一般与门厅或走道的楼地面一致,常用的有水泥砂浆、细石混凝土、石材和陶瓷地砖等。

为了避免行人滑倒、保护踏步阳角,踏步表面应有防滑措施,特别是人流量较大的公共建筑中的楼梯,必须对踏面进行处理。防滑处理的方法通常是设置防滑条,一般采用水泥铁屑、金刚砂、金属条(铸铁、铝条、铜条)、马赛克及带防滑条缸砖等材料,设置在靠近踏步阳角处,见图 6.21。防滑条凸出踏步面不能太高,一般在 3 mm 以内。标准较高的建筑,可铺地毯、防滑塑料或木地板,这种踏步行走更舒适,不易滑倒。

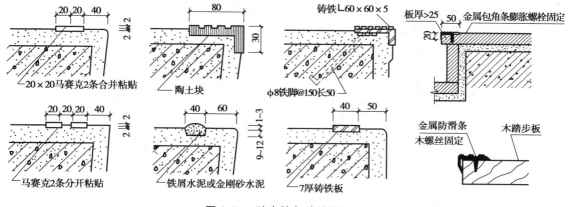

图 6.21　踏步的各种防滑处理

6.4.2　栏杆、栏板和扶手构造

(1)楼梯栏杆的基本要求

楼梯栏杆(或栏板)和扶手是上下楼梯或踏步的安全设施,也是建筑中装饰性较强的构件。在设计中应满足以下基本要求:

①人流密集场所梯段或台阶高度超过 750 mm 时,应设栏杆。

②梯段净宽在两股人流以下的,在临空一侧设扶手;梯段净宽达三股人流时应两侧加扶手(其中一个在墙面上),达四股人流时宜加设中间扶手。

③一般室内楼梯扶手高度(自踏面宽度中心点量起至扶手面的竖向高度)为 900 mm,供儿童使用的高度为 600 mm。室外楼梯栏杆扶手高度不应小于 1 100 mm,见图 6.22。

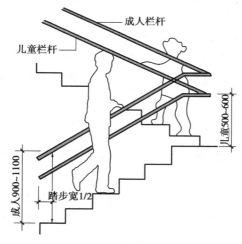

图 6.22　栏杆高度

④有少年儿童活动的场所,如幼儿园、住宅等建筑,为防止儿童穿过栏杆空当发生危险事

故,栏杆应采用不易攀登的构造,垂直栏杆间的净距不应大于 110 mm。

⑤栏杆应以坚固、耐久的材料制作,必须具有一定的强度和刚度。

(2)栏杆形式

楼梯栏杆的形式一般有空花栏杆、实心栏板和组合式栏板三种。

①空花栏杆,多用方钢、圆钢、扁钢等型材焊接或铆接成各种图案,既起防护作用,又有一定的装饰效果。常用栏杆断面尺寸:圆钢 $\phi16$ mm ~ $\phi25$ mm;方钢 15 mm×15 mm ~ 25 mm×25 mm;扁钢(30 ~ 50)mm×(3 ~ 6)mm;钢管 $\phi20$ mm ~ $\phi50$ mm,见图6.23。

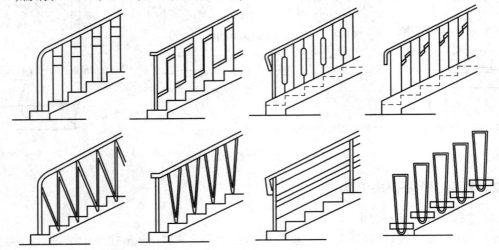

图6.23　金属栏杆形式

②实心栏板,多用钢筋混凝土、加筋砖砌体、有机玻璃、不锈钢栏板、安全玻璃(夹胶玻璃)和钢化玻璃等制作。砖砌栏板厚度为 60 mm 时,外侧需要钢筋网加固,再将钢筋混凝土扶手与栏板连成一个整体。现浇钢筋混凝土楼梯栏板可与楼梯段现浇成为整体。

③组合式栏板,是将空花栏杆与实体栏板组合而成。空花栏杆用金属材料制成,栏板部分可用砖砌、石材、有机玻璃、安全玻璃(夹胶玻璃)和钢化玻璃等。

(3)栏杆与楼梯段的连接

栏杆与楼梯段应有可靠的连接,连接的方法有:

①预埋铁件焊接,将栏杆的立杆与楼梯段中预埋的钢板或套管焊接在一起。

②预留孔洞嵌固,将栏杆的立杆端部做成开脚或倒刺,插入楼梯段预留的孔洞后,用细石混凝土填实。

③螺栓连接,用螺栓将栏杆固定在梯段上,用板底螺母栓紧贯穿踏板的栏杆,见图6.24。

(4)扶手构造

扶手一般采用硬木、塑料和金属材料制成,还可用水泥砂或水磨石抹面而成,或用大理石、预制水磨石板或者木材贴面制成。硬木扶手与金属栏杆的连接,是在金属栏杆的顶部先焊接一根带小孔的从楼底到屋顶的 4 mm 厚通长扁铁,然后用木螺钉通过扁铁上的预留小孔,将木扶手和栏杆连接成整体。塑料扶手与金属栏杆的连接方式一样,也可使塑料扶手通过预留的卡口直接卡在扁铁上。金属扶手多用焊接。

楼梯扶手有时需固定在砖墙或混凝土柱上,如顶层安全栏杆扶手、休息平台护窗扶手、梯段的靠墙扶手等。扶手的安装方法为:在墙上预留 120 mm×120 mm×120 mm 的洞,将扶手或

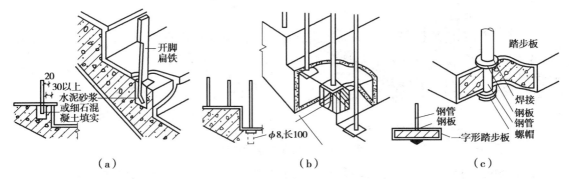

图 6.24 栏杆与踏步的连接方式

扶手铁件深入洞中,用细石混凝土或水泥砂浆填实;扶手与混凝土墙或柱连接时,一般在墙或柱上预埋铁件,与扶手铁件焊牢,也可用膨胀螺栓连接,或预留孔洞嵌固,见图 6.25。

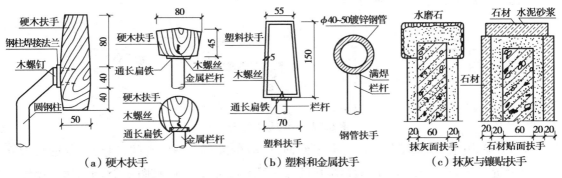

图 6.25 扶手制作安装

6.5 钢筋混凝土楼梯构造

钢筋混凝土楼梯坚固耐用、防火性能好和可塑性强,按施工方式可分为预制装配式和现浇整体式。预制装配式有利于节约模板,提高施工速度,使用较为普遍;现浇整体式的整体性和刚度较好,造型美观。

6.5.1 预制装配式钢筋混凝土楼梯构造

1)预制装配梁承式钢筋混凝土楼梯

预制装配梁承式钢筋混凝土楼梯通常是指梯段由平台梁支承的楼梯类型,在楼梯平台与梯段交接处设有平台梁,避免了构件转折处受力不合理和节点处理的困难,在大量性民用建筑中较为常用。预制时可将其分为梯段、平台梁、平台板三种构件,见图 6.26。

(1)梯段

①梁板式梯段。梁板式梯段由梯斜梁和踏步板组成,踏步板两端各设一根梯斜梁,踏步板支承在梯斜梁上,梯斜梁又支承在平台梁上。

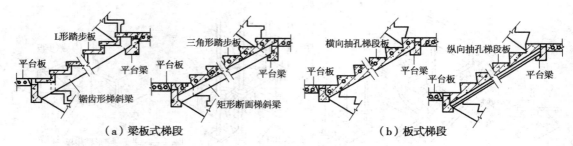

（a）梁板式梯段　　　　　　　　　　　（b）板式梯段

图 6.26　预制装配梁承式楼梯

踏步板断面形式有一字形、└形、┐形、三角形等（图 6.27）。一字形踏步板制作简单，踢面可漏空，填充时板的受力不太合理，仅用于简易梯、室外梯等。 └形与┐形断面踏步板受力合理、用料省、自重轻，为平板带肋形式；三角形断面踏步板使梯段底面平整、简洁，为减轻自重，一般将踏步板做成空心构件，见图 6.27（d）。

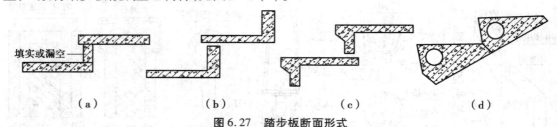

（a）　　　　　　（b）　　　　　　（c）　　　　　　（d）

图 6.27　踏步板断面形式

梯斜梁常用矩形断面，也可做成 └形断面，以减少梁高占用的空间，但构件制造较为复杂。可搁置一字形、└形、┐形断面踏步板的梯斜梁为锯齿形构件，见图 6.28（a）；用于搁置三角形断面踏步的梯斜梁为等断面构件，见图 6.28（b）。

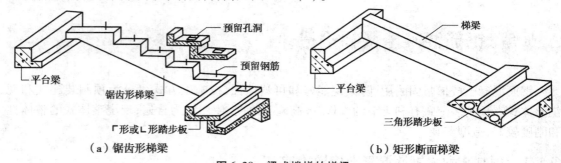

（a）锯齿形梯梁　　　　　　　　　　　（b）矩形断面梯梁

图 6.28　梁式楼梯的梯梁

②预制板式楼梯梯段。板式梯段为整块带踏步条板，其上下端直接支承在平台梁上。由于没有梯斜梁，梯段底面平整，结构厚度小，平台梁位置相应抬高，增大了平台下净空高度。为了减轻梯段板自重，也可做成空心构件，或将一个梯段分成几个较窄梯段的组合，见图 6.29。

（2）平台梁

平台梁一般做成 └形断面，这样受力合理并减少了平台梁所占空间，见图 6.30。

（3）平台板

平台板可采用钢筋混凝土空心板、槽板或平板。平台设有管道处不能布置空心板。平台板一般平行于平台梁布置，以利于加强楼梯间整体刚度；也可垂直于平台梁布置，用小平板，详见图 6.31。

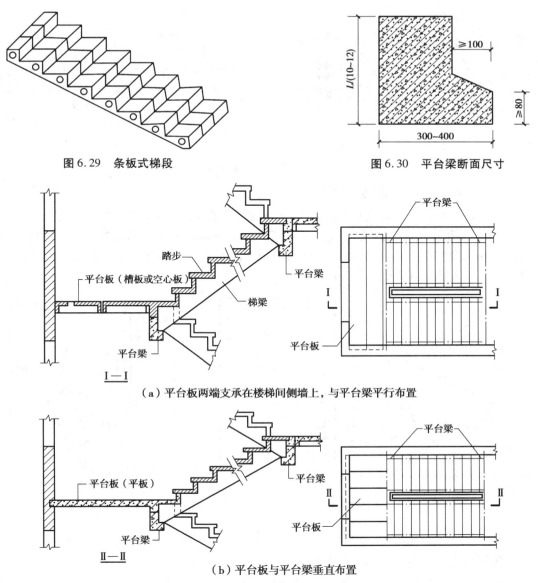

图6.29 条板式梯段

图6.30 平台梁断面尺寸

（a）平台板两端支承在楼梯间侧墙上，与平台梁平行布置

（b）平台板与平台梁垂直布置

图6.31 梁承式梯段与平台的结构布置

（4）梯段构件连接

楼梯要求坚固耐久、安全可靠，特别是在地震区建筑中。加之梯段为倾斜构件，致使各构件之间力学关系复杂，需加强相互之间的连接以提高其整体性。

①踏步板与梯斜梁连接。如图6.32（a）所示，一般在梯斜梁支承踏步处用水泥砂浆坐浆连接踏步板，或在梯斜梁上预埋插筋，穿过踏步板支承端预留孔洞，再用高强度等级的水泥砂浆填实。

②梯斜梁或梯段板与平台梁连接。如图6.32（b）所示，在支座处坐浆连接，并在连接端预埋钢板进行焊接。

③梯斜梁或梯段板与梯段基础连接。如图6.32（c）和（d）所示，在楼梯底层起步处，用砖砌或混凝土浇筑梯段基础，也可用平台梁代替。

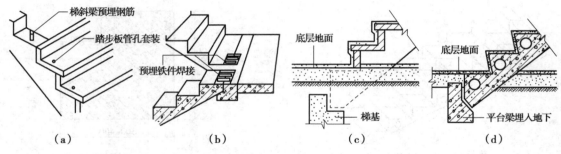

图 6.32　梯段构件连接构造

2）预制装配墙承式钢筋混凝土楼梯

这种楼梯的踏步两端均支承在墙体上，不用设置平台梁、梯斜梁和栏杆，节约钢材和混凝土，但每块踏步板直接安装入墙体，会影响施工速度。踏步板入墙端的形状、尺寸与墙体砌块模数不容易完全吻合，砌筑质量也不易得到保证。因上下人流的视线为承重墙所阻，宜设置观察窗口以免人流相互干扰，见图 6.33。

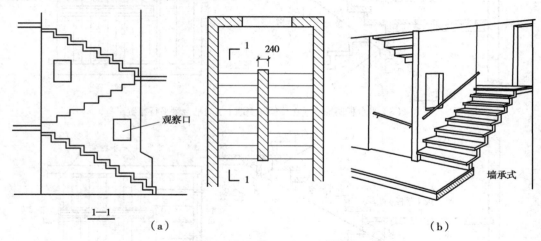

图 6.33　墙承式钢筋混凝土楼梯

3）预制装配墙悬臂式钢筋混凝土楼梯

这种楼梯是将预制的钢筋混凝土踏步板一端嵌固于楼梯间侧墙上，另一端凌空悬挑，见图 6.15。它没有平台梁和梯斜梁，也没有中间墙，楼梯间空间轻巧通透，结构占用空间较少，一般适用于住宅建筑。但其楼梯间整体刚度极差，不能用于有抗震设防要求的地区。由于需要随墙体砌筑安装踏步板，并需设临时支撑，施工较为麻烦。也有金属踏步板的墙悬臂梯，施工较方便。

6.5.2　现浇式钢筋混凝土楼梯

这种楼梯是将楼梯段、楼梯平台等整浇在一起，它整体性好，刚度大，对抗震有利，但模板耗费多，施工速度慢，故多用于较大工程、抗震设防要求高或形状复杂的楼梯。其形式有板式和梁板式楼梯两种。

1）板式楼梯

现浇板式楼梯可取消平台梁,将梯段与楼梯形成一块整体折板。它整体性好,但这样会增加楼梯段板的板厚。板式楼梯的底面平整、外形简洁、支模容易。

公共建筑和庭园建筑的外部楼梯还较多地采用悬臂板式楼梯。其特点是梯段和平台均无支承,完全靠梯段与平台组成空间板式结构与上下层楼板结构共同受力。它造型新颖、空间感好,见图6.34。

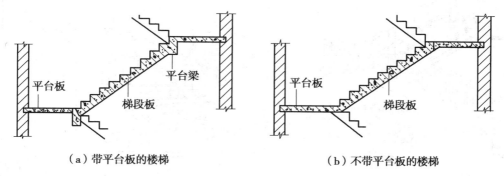

（a）带平台板的楼梯　　　　　　　　　（b）不带平台板的楼梯

图6.34　现浇板式楼梯

板式楼梯梯段上踏步的三角形截面不能起结构作用,且板较厚、混凝土耗量较大,因此,宜在梯段长度的水平投影不大于3.6 m时使用。

2）现浇梁板式楼梯

当楼梯段较宽或负荷较大时,采用板式楼梯往往不经济,这时可在梯段上增加斜梁以承受板的荷载并传给平台梁,这就成为了梁板式楼梯。这种形式能减少板的跨度,从而减小板的厚度,节省用料。缺点是模板较复杂,当斜梁截面尺寸较大时,造型显得笨重。梁板式楼梯在结构布置上有双梁布置和单梁布置两种。

（1）双梁式梯段

双梁式梯段是将梯段斜梁布置在梯段踏步的两端,此时踏步板的跨度便是梯段的宽度。这样板跨小,在板厚相同的情况下,梁式楼梯可以承受较大的荷载。

①正梁式。梯梁设在梯板下方的称正梁式梯段,也称明步楼梯,见图6.35（a）。

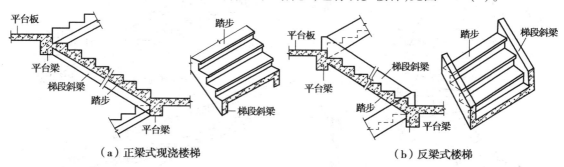

（a）正梁式现浇楼梯　　　　　　　　　（b）反梁式楼梯

图6.35　钢筋混凝土现浇梁式楼梯

②反梁式。梯梁在踏步板之上,形成反梁,踏步包在里面,使梯段底面平整,还能避免清洁楼梯时污染楼梯外侧,但梯梁会占去一部分梯段宽度。应尽量将梯梁上端做得窄一些,必要时可以与栏板结合,增加梁高并减少挠度,见图6.35（b）。

（2）单梁式梯段

这种楼梯的梯段仅由一根梯梁支承踏步板。梯梁布置有两种方式,一种是将梯段斜梁布置在踏步的一端,将踏步的另一端挑出,做成单梁悬臂式楼梯（图6.36（a））;另一种是将梯段斜梁布置在梯段步的中间,让踏步板从梁的两侧挑出,称为单梁挑板式楼梯（图6.36（b））。这种楼梯外形轻巧、美观,但结构较复杂。

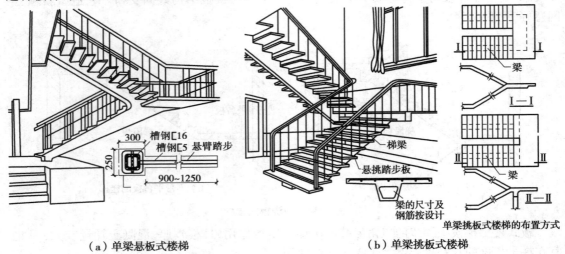

（a）单梁悬板式楼梯　　　　　　　　（b）单梁挑板式楼梯

图6.36　钢筋混凝土单梁式楼梯

6.5.3　现浇扭板式

这种楼梯底面平顺,结构占用空间少,造型美观,但板跨大,受力复杂,结构设计和施工难度较大,钢筋和混凝土用量也较大,一般只宜用于建筑标准较高的建筑大厅中。为了使楼梯显得轻盈,常使板端减薄。图6.37为现浇扭板式钢筋混凝土弧形楼梯。

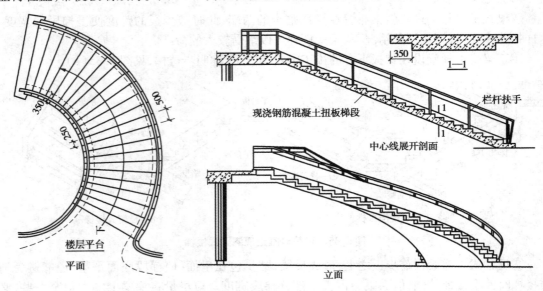

图6.37　现浇扭板式钢筋混凝土楼梯

6.6　台阶与坡道

6.6.1　台阶

（1）台阶的形式

建筑入口处室内外不同标高的地面多采用台阶联系，当有车辆通行、室内外地面高差较小或者有无障碍要求时，可采用坡道。近些年，随着地面的空间紧缺及地下空间的开发与利用，特别是停车楼和高层建筑的地下被设计成停车库，坡道便必不可少。台阶和坡道在入口处对建筑物的立面具有一定的装饰作用，设计时既要考虑使用，还要注意美观，见图6.38。

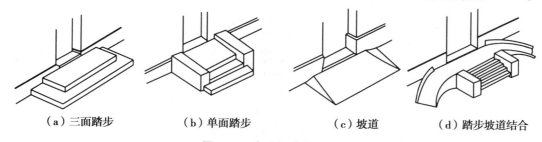

（a）三面踏步　　　（b）单面踏步　　　（c）坡道　　　（d）踏步坡道结合

图6.38　台阶与坡道的形式

（2）台阶的构造

台阶构造由面层、结构层和基层构成。

①面层应耐磨、易于清扫，常用的有水泥砂浆、水磨石、陶瓷以及天然石材制品等，应注意防滑处理。

②结构层承受作用在台阶上的荷载，应采用抗冻、抗水性能好且质地坚实的材料，常用的有烧结砖、天然石材和混凝土等。普通烧结砖抗冻、抗水性能较差，砌做台阶时其整体性也不容易保证，除次要建筑或临时建筑外，一般很少使用。大量的民用建筑多采用混凝土台阶。

③基层，为结构层提供良好的持力基础，在素土夯实层上做一垫层即可，见图6.39（b）和（c）。在严寒地区，如台阶下为冻胀土（黏土或亚黏土），可采用换土法（砂土）来保证台阶基层的稳定，见图6.39（a）和（f）。

为预防建筑物主体结构下沉时拉裂，台阶应与建筑主体结构分开，待主体结构完工后再做，见图6.39（c）和（d）；或者将台阶基础和建筑主体基础做成一体，使二者一起沉降，这种情况多用于室内台阶；也有将台阶与外墙连成整体，做成由外墙挑出式的结构。

（3）台阶尺度

室外台阶踏步宽度应比室内楼梯踏步宽度大一些，坡度要平缓，以提高行走舒适度。其踏步高 h 一般为 $100 \sim 150$ mm，踏步宽 b 为 $300 \sim 400$ mm。步数根据室内外高差确定。在台阶与建筑出入口大门之间，应设缓冲平台，作为室内外空间的过渡。平台宽度一般不应小于 1 000 mm，平台需做一定的排水坡度，以利雨水排除。

（4）台阶面层

台阶面层材料应防滑、抗风化和耐用，可用水泥石屑、防滑地面砖、斩假石（剁斧石）或者剁斧板、火烧板等表面特别处理过的天然石材。

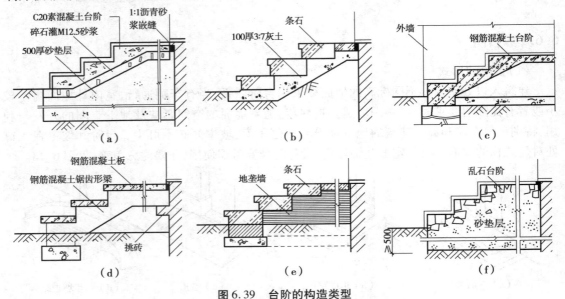

图6.39 台阶的构造类型

（5）台阶垫层构造

步数较少的台阶，其垫层做法与地面垫层做法类似。一般用素土夯实后按台阶形状和尺寸做 C15 混凝土垫层或砖、石垫层。标准较高的或地基土质较差的，还可在垫层下加铺一层碎砖或碎石层。对于步数较多或地基土质太差的台阶，可根据情况架空成钢筋混凝土台阶，以避免过多填土或产生不均匀沉降。

严寒地区的台阶为防地基土冻胀，可用砂石垫层换土至冰冻线下。

6.6.2 普通坡道

（1）普通坡道的形式

室内外的高差还可采用坡道联系。在需要进行无障碍设计的建筑物的出入口处，应留有不小于 1 500 mm×1 500 mm 的轮椅回转平台与坡道相连，坡道的形式详见图6.40。

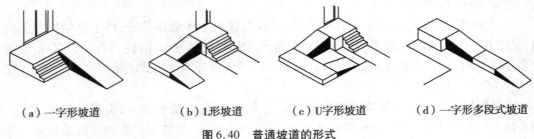

（a）一字形坡道　　（b）L形坡道　　（c）U字形坡道　　（d）一字形多段式坡道

图6.40 普通坡道的形式

（2）普通坡道的尺度

①坡度。坡度是高差与坡道的水平投影长度之比。室内坡道不宜大于 1 : 8，室外坡道不

宜大于1∶10;室内坡道水平投影长度超过15 m时,宜设休息平台;供轮椅使用的坡道不应大于1∶12。自行车推行坡道每段坡长不宜超过6 m,坡度不宜大于1∶5。坡道的坡度、坡段高度和水平长度的最大容许值见表6.3。当长度超标时,需在坡道中部设休息平台。休息平台的深度,直行和转弯时均不应小于1 500 mm,如图6.41所示。在坡道的起点和终点处应保留有深度不小于1 500 mm的轮椅缓冲区。

表6.3 轮椅坡道的坡段最大高度和水平长度的最大允许值

坡 度	1/20	1/16	1/12	1/10	1/8
坡段最大高度/m	1.20	0.90	0.75	0.60	0.30
坡段水平长度/m	24.00	14.40	9.00	6.00	2.40

②坡道最小宽度和深度,详见图6.43。建筑物出入口的轮椅坡道净宽度不应小于1 200 mm。

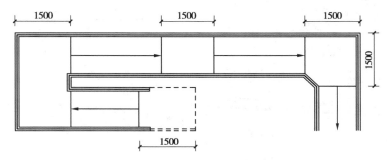

图6.41 坡道休息平台的最小深度

(3)坡道的扶手

坡道两侧宜在850~900 mm和650~700 mm的高度设上下层扶手,扶手应能承受身体重力,形状要易于抓握。两段坡道之间的扶手应保持连贯性。坡道起点和终点处的扶手,应水平延伸300 mm以上。坡道侧面凌空时,在栏杆下端的地面宜设高度不小于50 mm的安全挡台,见图6.42。

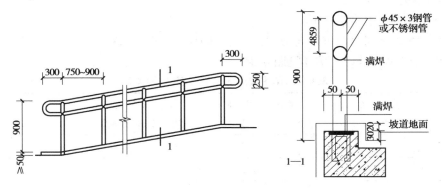

图6.42 坡道扶手

（4）坡道的构造

要求车辆能够直达入口处的建筑,需设置坡道,如医院、宾馆、幼儿园、行政办公楼的重要入口,以及工业建筑的车间大门等处。大门与车辆间应设足够缓冲距离。坡道多为单面坡形式,有些大型公共建筑则采用台阶与坡道相结合的形式,可人车分流。坡道构造详见图9.43（a）和（b）。当坡度大于1∶8时需作防滑处理,一般表面做锯齿状或设防滑条（图6.43（c）和（d））。

坡道由面层、结构层和基层组成,要求材料耐久性、抗冻性好,表面耐磨,常用的结构层有混凝土和石块等。基层也应注意防止不均匀沉降和冻胀土的影响。

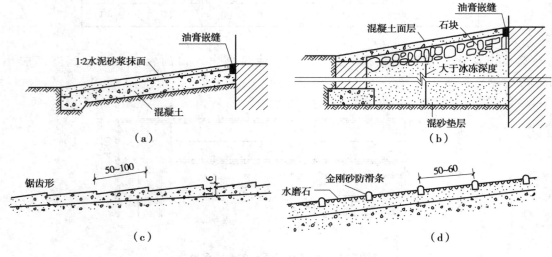

图6.43 坡道构造

6.6.3 车用坡道

车用坡道的设计应满足对于其宽度、坡度,与建筑的距离等要求。

①宽度:不小于4 m。

②坡度:不大于10%。

③最小转弯半径不小于6 m。

④汽车与汽车之间以及汽车与墙、柱之间的间距,详见表6.4,参照《汽车库建筑设计规范》（JGJ 100—1998）,设计实例详见图6.44。

表6.4 车用坡道的宽度与墙、柱的关系

	车长≤6 m, 宽度≤1.8 m	6 m<车长≤8 m, 或1.8 m<宽≤2.2 m	6 m<车长≤12 m, 或2.2 m<宽≤2.5 m	车长>12 m, 或宽>2.5 m
汽车与汽车	0.5	0.7	0.8	0.9
汽车与墙	0.5	0.5	0.5	0.5
汽车与柱	0.3	0.3	0.4	0.4

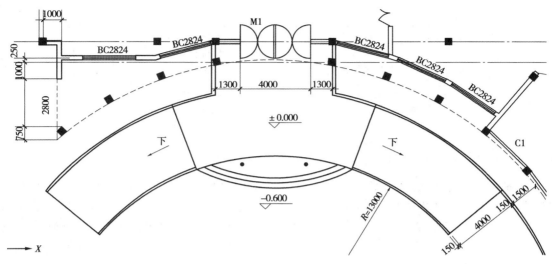

图 6.44　建筑入口处汽车坡道设计实例

6.7　电　梯

　　垂直升降电梯用于 7 层及以上的多层住宅和高层建筑,在一些标准较高的低层建筑中也有使用。电梯分客梯和货梯两大类,除此之外,按功能划分还有食梯、医院专用电梯、消防电梯、观光电梯等。

6.7.1　设计要求

　　电梯设计要求如下:
　　①电梯不能作为安全疏散通道,因为建筑发生火灾时,首先就要快速切断电源,除消防电梯外,其他的电梯都会停止运行。
　　②设置电梯的建筑物仍应按防火规范规定的安全疏散距离设置疏散楼梯,电梯不宜被楼梯围绕布置,这样会形成人流的交叉。
　　③如果建筑以电梯为主要垂直交通,则每栋建筑物内或电梯的每个服务区,乘客电梯的台数不应少于 2 台;单侧排列的电梯不应超过 4 台;双侧排列的电梯不应超过 8 台,且不应在转角处紧邻布置。
　　④电梯候梯厅的深度要求,详见表 6.5。

表 6.5　电梯候梯厅深度

电梯类别	布置方式	候梯厅深度
住宅电梯	单台	不低于 B
	多台单侧排列	不低于 B^*
乘客电梯	单台	不低于 1.5B
	多台单侧排列	不低于 1.5B 当电梯群为 4 台时不低于 2.40 m
	多台双侧排列	不小于相对电梯 B 之和且不小于 4.50 m

续表

电梯类别	布置方式	候梯厅深度
病房电梯	单台	不低于1.5B
	多台单侧排列	不低于1.5B
	多台双侧排列	不小于相对电梯B之和

注:B是指轿厢的深度。

6.7.2　电梯的种类与功能

电梯以用途分为载人、载货(图6.45)两大类,载人电梯除普通的乘客电梯外,还有专用的消防电梯和空间较大的病床梯(图6.46)等。按提升方式不同,分为牵引式和液压式(图9.47),其中牵引式最常用。按轿厢与电梯井的关系不同,分为普通电梯和露明电梯(观光电梯),见图6.48。建筑设计一般先选择合适的扶梯,再按厂家要求,设计预留孔洞和预埋件等,即采用标准设计和生产的型号。

图6.45　载货电梯

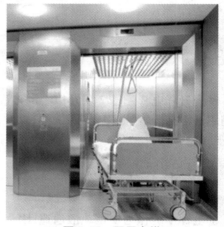

图6.46　医用电梯

由于不同厂家的设备尺寸、运行速度及对土建的要求不同,在设计施工时,应按照厂家提供的数据和要求进行设计、施工。表6.6介绍了不同种类电梯的使用功能,图6.49为不同类型的电梯平面示意图。

表6.6　电梯的种类与功能

种　类	使用功能
乘客电梯	运送乘客的电梯
住宅电梯	供住宅楼使用的电梯
病床电梯	运送病床及医疗急救设备的电梯
客货电梯	主要用作运送乘客,也可运送货物,轿厢内部装饰可根据用户要求选择
载货电梯	主要运送货物,亦可有人伴随
杂货电梯	供运送图书、资料、文件、杂物、食品等,但不允许人员进入

图 6.47　液压电梯

图 6.48　露明电梯

6.7.3　电梯布置考虑因素及垂直运行分区设计

（1）考虑因素

①防火。

②多台并列的布置。

③与楼梯合用前室。

④水平布置。

（2）垂直运行分区设计

当建筑物的层数超过 25 层或建筑高度超过 75 m 时，电梯宜采用分区设计。

①分区原则：下区层数多些，上区层数少些。

②分区高度或停站数：每 50 m 或 12 个停站为一个分区。

③速度分区：第一个 50 m 分区 1.75 m/s，然后每隔 50 m 提高 1.5 m/s。

6.7.4　电梯的建筑构造要求

（1）牵引式电梯井道

电梯井道是电梯运行的通道。牵引式电梯井内，除轿厢及出入口外，还安装有导轨、平衡重、缓冲器等，见图 6.49 和图 6.50。电梯井道要求必须保证所需的垂直度和规定内径，一般高层建筑的电梯井道都采用整体现浇式，与楼梯间和管道井等一起形成内核，以加强建筑的刚度。多层建筑的电梯井道除了现浇外，也有采取框架结构的，在这种情况下，电梯井道内壁可能会有突出物，应将井道的内径适当放大，以保证设备安装及运行不受妨碍。

①电梯井的防火。火灾时火势及烟气容易通过电梯井道蔓延，因此井道的围护构件应根据有关防火规定设计，多采用钢筋混凝土墙。井道内严禁铺设可燃气、液体管道。消防电梯的井道、机房与相邻的电梯井道以及机房之间，应用耐火极限不低于 2.5 h 的隔离墙格开；高层建筑的电梯井道内，超过两部电梯时应用墙隔开。

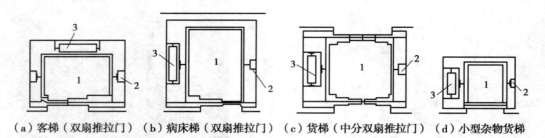

（a）客梯（双扇推拉门）（b）病床梯（双扇推拉门）（c）货梯（中分双扇推拉门）（d）小型杂物货梯

图6.49　电梯类型与井道平面
1—轿厢;2—导轨;3—平衡重

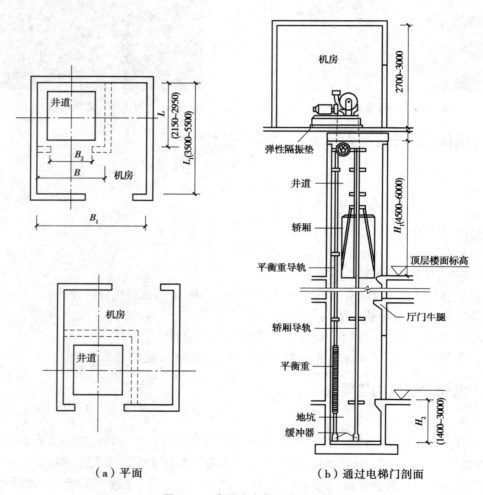

（a）平面　　　　　　　　　　　　　（b）通过电梯门剖面

图6.50　牵引式电梯构造示意

②井道隔声。为了减轻机器运行时产生振动和噪声,应采取适当的隔声和隔振措施。一般情况下,只在机房机座下设置弹性垫层来达到减振目的,见图6.50。电梯运行速度超过1.5 m/s时,除弹性垫层外,还应在机房和井道间设置高度为1.5~1.8 m的隔声层。

③井道的通风。井道内应设排烟口,还要考虑井道内电梯运行中空气流动问题。运行速度在2 m/s以上的客梯,在井道的顶部和地坑应有不小于300 mm×600 mm的通风孔,上部可

以和排烟口结合,排烟口面积应不小于井道面积的 3.5% 。层数较多的建筑,中间也可酌情增加通风口。

④井道的检修。为了安装、检修和缓冲,井道上下均应留有必要的空间,其尺寸与运行速度有关,见图9.51。井道顶层高度一般为 3.8~5.6 m,地坑深度为 1.4~3.0 m。如果建筑顶层层高较小,则屋面和机房楼面存在高差,应考虑垂直交通以方便进出机房,如设台阶或楼梯等。

井道地坑的地面设有缓冲器,以减轻电梯轿厢停靠时与坑底的冲撞。坑底采用混凝土垫层,厚度按缓冲器反力确定,地坑壁及地坑均需作防水处理。消防电梯的井道地坑还应有排水设施。需在坑壁设置爬梯和检修灯槽供检修用。坑底位于地下室时,宜从侧面开一检修门,坑内预埋件按电梯类型要求确定。

(2)电梯机房

电梯机房一般设置在电梯井道的顶部,少数设在底层或地下,如液压电梯的机房。机房尺寸需根据厂家提供的资料确定,净高多为 2.5~3.5 m。机房应有良好的采光和通风,其围护结构应具有一定的防火、防水、保温和隔热性能。为便于安装和检修,机房楼板设计和施工时,应按厂家要求的部位预留孔洞。

(3)电梯门套

①电梯门套装修的构造做法应与电梯厅的装修统一考虑,可用水泥砂浆抹灰,水磨石、墙砖或木板装修,高级的还可采用高档石材或金属板等装修,见图6.51。

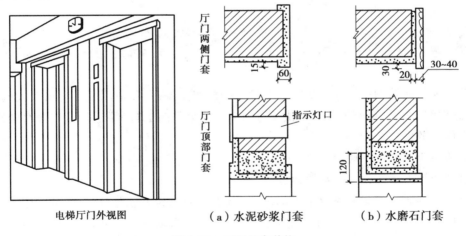

电梯厅门外视图　　　　　(a)水泥砂浆门套　　　　(b)水磨石门套

图 6.51　厅门门套装修

②各层梯井出入口处,应在电梯门洞下缘向井道内挑出一牛腿,作为乘客进入轿厢的踏板。牛腿出挑的长度随电梯规格而定,通常由电梯厂提供数据。牛腿一般为钢筋混凝土现浇或预制,见图6.52。

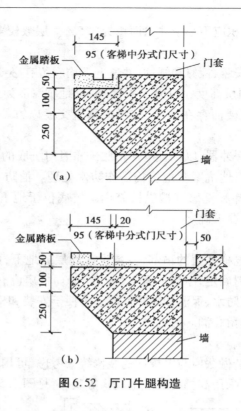

图 6.52　厅门牛腿构造

6.8　自动扶梯

自动扶梯是建筑物层间连续运输效率最高的载客设备,主要适用于人流量较大的公共场所,如交通枢纽、商场、超市等。自动扶梯可向上下两个方向运行,停运时可作普通楼梯使用,但严禁用作疏散楼梯。

自动扶梯应符合以下规定:

①自动扶梯不得作为安全疏散通道。

②出入口畅通区的宽度不应小于 2.50 m,畅通区有密集人流穿行时,其宽度应当加大。

③栏板应平整、光滑和无突出物。扶手带的顶面距自动扶梯踏步阳角、距自动人行道踏板面或胶带面的垂直高度不应小于 0.90 m;扶手带的外边至任何障碍物不应小于 0.50 m,否则应采取措施防止障碍物伤人。

④扶手带中心线与平行墙面或楼板开口边缘间的距离,以及两电梯相邻平行交叉设置时,扶手带中心线之间的水平距离不宜小于 0.50 m,否则应采取措施防止障碍物伤人。

⑤自动扶梯的梯级的踏板或胶带上空,垂直净高不应小于 2.30 m。

⑥自动扶梯的倾斜角不应超过 30°,当提升高度不超过 6 m、额定速度不超过 0.50 m/s 时,倾斜角允许增至 35°。

⑦自动扶梯单向设置时,应就近布置与之配套的楼梯。

⑧自动扶梯导致上下层空间贯通,当两层面积相加超过防火分区的规模时,应采取防火

卷帘一类的措施,在火灾时能有效隔开上下层空间,防止火灾蔓延。

　　自动扶梯靠电动机械牵动,使梯段踏步连同扶手一起运转,其机房悬挂在楼板下面,见图6.53。

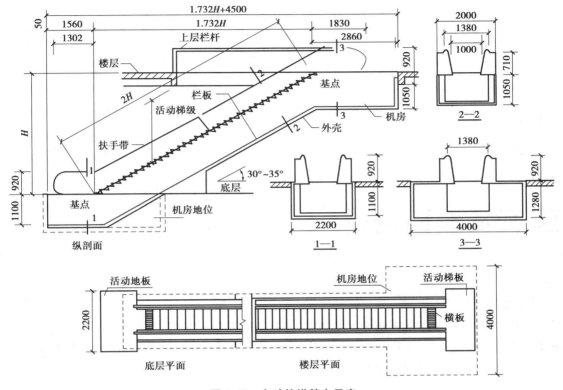

图6.53　自动扶梯基本尺度

复习思考题

　　1.楼梯与安全疏散的要求是什么?

　　2.楼梯段与休息平台的关系是什么?

　　3.楼梯踏步尺寸与人行步幅尺寸的关系如何?

　　4.楼梯间关于净高度的要求有哪些?

　　5.楼梯井的特殊要求有哪些?

　　6.楼梯间防滑的措施有哪些?

　　7.楼梯与梯段的结构类型有哪些?

　　8.什么是坡度?坡道的坡度及适用范围是什么?

　　9.电梯能否作为安全疏散通道?为什么?

　　10.载人的电梯有哪些类型?其各自的特点是什么?

屋顶及屋面构造

[本章导读]

通过本章学习,应了解屋顶的围护作用;了解新型屋顶的类型、适用范围和构造原理;了解屋顶常用材料和结构;了解相关的标准设计;熟悉屋顶的常见类型和构造措施;熟悉屋顶的排水、隔热和保温的构造原理和构造措施。

屋顶是建筑的重要组成部分,有屋顶才有建筑空间,它也对建筑的艺术效果有着重要影响。屋面是屋顶结构层以上的部分,其构造做法与屋顶的类型和采用的防水、保温及隔热材料等有关。

屋面的设计与施工,应符合下列基本要求:

- 具有良好的排水功能和阻止水侵入建筑物内的作用;
- 冬季保温减少建筑物的热损失和防止结露;
- 夏季隔热降低建筑物对太阳辐射热的吸收;
- 适应主体结构的受力变形和温差变形;
- 承受风、雪荷载的作用不产生破坏;
- 具有阻止火势蔓延的性能;
- 满足建筑外形美观和使用的要求。

7.1 屋顶类型

屋顶有着丰富多彩的外形,但大量的建筑主要以平屋顶和坡屋顶为主。

1)以造型和外观分类

（1）平屋顶

平屋顶通常是指排水坡度小于 3%、常用排水坡度为 2%～3% 的屋面。它施工简单，多数平屋顶还可作他用，如蓄水、种养植物、作为活动场地等，见图 7.1。

图 7.1 平屋顶　　　　图 7.2 坡屋顶　　　　图 7.3 穹顶

（2）坡屋顶

坡屋顶通常是指坡度大于 3%、小于 75° 的屋面。它排水好，造型富于变化，是国内外绝大多数传统建筑的屋面形式，见图 7.2。

（3）其他屋顶

其他屋顶形式还有国内外传统建筑常用的拱顶、穹顶（图 7.3）、尖顶等，以及借助当代建造技术塑造出的薄壳顶、大型"帐篷"顶等千姿百态的形式（图 7.4 至图 7.9）。

图 7.4 大连 球形建筑艺术馆　　　　图 7.5 美国 阿科桑底生态城建筑

（4）中国传统建筑的屋面类型

中国古建筑屋顶造型极为丰富多样，但有严格的等级制度，等级大小依次为：重檐庑殿顶 > 重檐歇山顶 > 重檐攒尖顶 > 单檐庑殿顶 > 单檐歇山顶 > 单檐攒尖顶 > 悬山顶 > 硬山顶 > 盝顶，见图 7.10。

图 7.6　英国　"伊甸园"

图 7.7　法国　国家工业与技术中心

图 7.8　上海　世博轴

图 7.9　哈萨克斯坦　"成吉思汗后裔之帐"

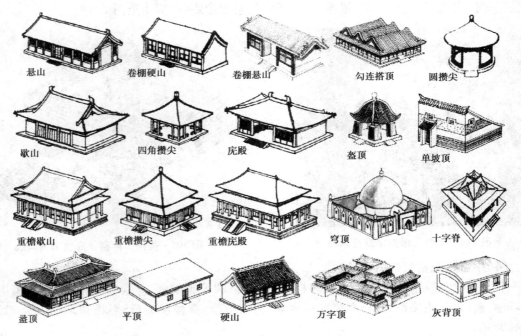

悬山　　卷棚硬山　　卷棚悬山　　勾连搭顶　　圆攒尖

歇山　　四角攒尖　　庑殿　　盝顶　　单坡顶

重檐歇山　　重檐攒尖　　重檐庑殿　　穹顶　　十字脊

盝顶　　平顶　　硬山　　万字顶　　灰背顶

图 7.10　中国传统古建筑屋面

2)以屋面防水及围护材料分类

①卷材、涂膜屋面。包括保温上人或不上人屋面、倒置式保温屋面、种植隔热屋面(图7.11)、架空隔热屋面(图7.12)和蓄水隔热屋面等,其特点是主要以防水卷材和防水涂膜做防水层。

②瓦屋面。常用的有平瓦(图7.13)、小青瓦、筒瓦(图7.14)、S形瓦、琉璃瓦和金属瓦屋面等。

③金属板屋面。用金属瓦或金属板材作屋盖,特点是将结构层和防水层合二为一,见图7.13和图7.14。

④玻璃采光顶。是指面板为玻璃的屋盖,有平面和曲面的各种造型,见图7.17和图7.18。

⑤其他材料屋面,如阳光板、耐力板、石棉瓦和玻纤瓦等。

图7.11 种植隔热屋面

图7.12 架空隔热屋面

图7.13 平瓦屋面

图7.14 筒瓦屋面

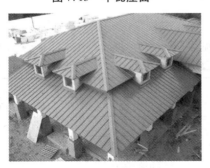

图7.15 金属瓦屋面住宅

图7.16 厂房的金属板屋面

图7.17　曲面玻璃采光顶

图7.18　玻璃采光顶

7.2　屋面排水

屋面防水的措施,以排水和防渗漏为主。

1)排水找坡方式

屋面利用坡度排水,平屋面也应有排水坡度,主要采取结构找坡和材料找坡的方式形成坡度,见图7.19。平屋面排水坡一般为2%~3%,坡屋面的坡度大于10%。结构找坡是利用屋面结构构件的尺寸变化形成坡度,材料找坡是使用轻质高强材料(如1:8水泥炉渣、焦渣混凝土或水泥珍珠岩等材料)。屋面跨度在12 m内时,可以采用单向找坡;大于12 m时,宜采用双向找坡并设置屋脊或分坡线。

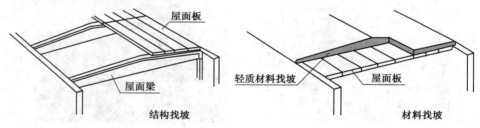

图7.19　平屋面找坡方式

2)常用屋顶的坡度

不同材料的屋面,适用的坡度范围不同,详见表7.1。

表7.1　不同材料屋面适用的坡度

屋面类型	适宜坡度/%	屋面类型	适宜坡度/%
平瓦	20~50	点支承玻璃	2~100
小青瓦	≥30	蓄水	≤0.5
卷材及涂膜	2~3	架空隔热	≤3
金属	≥4	种植	≤3
金属压型板	5~17	刚性防水屋面	2~3

3)排水方式

排水方式主要有无组织排水和有组织排水方式两种。

（1）无组织排水

无组织排水是不用雨水管的自由落水方式,雨水经由不小于 500 mm 宽的挑檐自由降落至地面,无需做天沟或檐沟等。无组织排水构造简单、造价低廉,适用于降雨量小地区和檐口高不超过 10 m 的建筑。

（2）有组织排水

檐口或屋面高度大于 10 m 时,应采用有组织排水方式,就是将屋面划分成若干排水区,将屋面雨水先排至天沟(图 7.21)或檐沟(图 7.23),再集中至雨水口和雨水管排走(图 7.22 和图 7.24),即先将雨水由面汇集到线(沟)、再集中到点(雨水口)的方式。每一根水落管的屋面最大汇水面积不宜大于 200 m²,雨水口的间距不超过 24 m,最后通过落水管排到地面水沟。每个排水区的雨水管一般不少于 2 根。平屋面排水坡度一般为 2%～3%,檐沟或天沟≥0.5%。有组织排水适用于较高建筑物的平屋顶和坡屋顶(檐口高度超过 10 m)、年降水量较大地区或较为重要的建筑。

雨水管现普遍采用 PVC 管,管径有 75 mm、100 mm、150 mm 等几种规格,其中 100 mm 管径使用得较多。

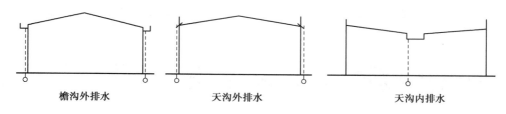

檐沟外排水　　　　天沟外排水　　　　天沟内排水

图 7.20　有组织排水

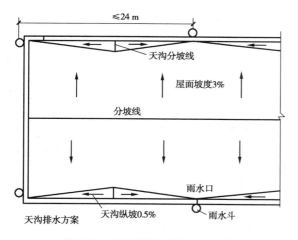

图 7.21　屋面利用天沟组织雨水

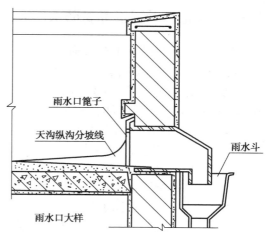

图 7.22　天沟及雨水口

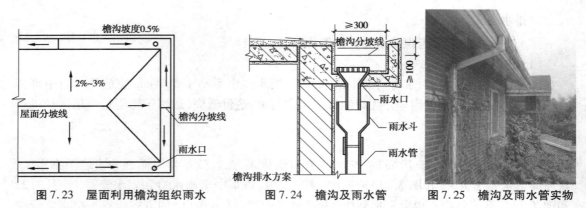

图 7.23　屋面利用檐沟组织雨水　　　图 7.24　檐沟及雨水管　　　图 7.25　檐沟及雨水管实物

4)屋面防水

除排水外,屋面还要防水,就是防止雨水等渗透。按照《屋面工程技术规范》(GB 50345—2012),屋面防水分为Ⅰ级Ⅱ级,各适用于不同建筑,详见表7.2。

表7.2　屋面防水等级

防水等级	建筑类别	设防要求
Ⅰ级	重要建筑和高层建筑	两道防水设防
Ⅱ级	一般建筑	一道防水设防

7.3　卷材及涂膜防水屋面构造

目前平屋面使用较多的是卷材防水及涂膜防水。

7.3.1　保温或非保温卷材防水屋面做法

1)保温卷材防水屋面构造做法

①特点:这一类屋面又分为非上人屋面(图7.26(a))和上人屋面(图7.26(b))两种,是利用沥青防水卷材、高聚物改性沥青防水卷材及合成高分子防水卷材等作为防水层的主要材料,具有质量轻、防水性好的特点。

②主要构造层次及作用:以保温上人卷材防水屋面为例,屋面构造包括了面层、结合层、保护层、防水层、找平层、保温层、找平层、隔汽层、找坡层、结构层,见图7.26(b)。各构造层的功能如下:

a.面层:起装饰和保护作用。

b.结合层:安装固定面层。

c.保护层:对防水层进行保护,避免其在施工、维护和屋面使用时受损,见图7.26(b)和(c)。

d.防水层:防止雨水侵入保温层使其失效,甚至侵入室内。

e.找平层:便于铺装防水层。

f.保温层:节能,减少室内热损失。

g. 找平层:便于安装保温层。

h. 隔汽层:防止室内湿气进入保温层,甚至形成凝结水。湿气和水都会损坏保温层的效能。

i. 找平(找坡)层:便于安装隔汽层。

j. 结构层:承担所有荷载。

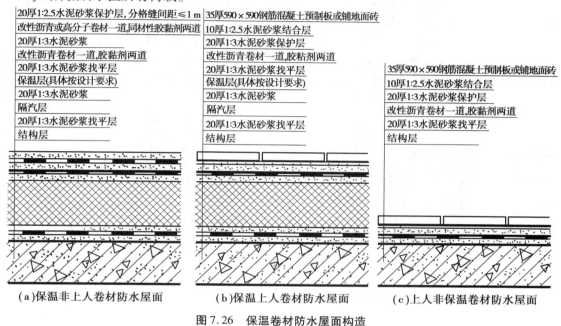

| 20厚1:2.5水泥砂浆保护层,分格缝间距≤1m |
| 改性沥青或高分子卷材一道,同材性胶黏剂两道 |
| 20厚1:3水泥砂浆 |
| 改性沥青卷材一道,胶黏剂两道 |
| 20厚1:3水泥砂浆找平层 |
| 保温层(具体按设计要求) |
| 20厚1:3水泥砂浆 |
| 隔汽层 |
| 20厚1:3水泥砂浆找平层 |
| 结构层 |

（a)保温非上人卷材防水屋面

| 35厚590×590钢筋混凝土预制板或铺地面砖 |
| 10厚1:2.5水泥砂浆结合层 |
| 20厚1:3水泥砂浆保护层 |
| 改性沥青卷材一道,胶粘剂两道 |
| 20厚1:3水泥砂浆找平层 |
| 保温层(具体按设计要求) |
| 20厚1:3水泥砂浆 |
| 隔汽层 |
| 20厚1:3水泥砂浆找平层 |
| 结构层 |

（b)保温上人卷材防水屋面

| 35厚590×590钢筋混凝土预制板或铺地面砖 |
| 10厚1:2.5水泥砂浆结合层 |
| 20厚1:3水泥砂浆保护层 |
| 改性沥青卷材一道,胶黏剂两道 |
| 20厚1:3水泥砂浆找平层 |
| 结构层 |

（c)上人非保温卷材防水屋面

图7.26　保温卷材防水屋面构造

③隔汽层的做法为:氯丁胶乳沥青两遍,改性沥青防水卷材一道,改性沥青一布二涂1 mm厚,合成高分子涂膜厚大于等于0.5 mm。这些做法应用于同材性的防水层。

④可选用的保温层常用材料有A硬发泡聚氨酯(图7.27和图7.28)、挤塑聚苯板、模塑聚苯板、岩棉板、憎水珍珠岩板、增压加气混凝土块和泡沫混凝土(图7.29)等,其厚度经热工计算确定。

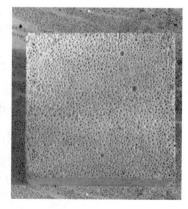

图7.27　喷涂发泡聚氨酯　　　图7.28　模塑聚氨酯　　　图7.29　泡沫混凝土

⑤保温卷材防水屋面的主要节点构造如下:

a. 檐口构造做法:无组织排水屋面做法,为便于保温层的铺设、固定和保护,沿墙上方的屋面四周设置现浇细石混凝土边带,见图7.30。

b.檐沟构造做法:有组织排水做法,采用防水性能好的现浇混凝土制作。防水做法一直延伸到檐沟外侧,并用轻质材料做0.5%~1%的纵向找坡至雨水口,檐沟最浅处不小于150 mm,雨水口置于檐沟内适当位置,见图7.31。

c.泛水:是防水层沿女儿墙向上卷起的做法,在屋面形成类似水池的池壁,以防雨水渗漏。要求泛水高度不低于250 mm,见图7.32。

d.分格缝:屋面板之间的缝隙需加处理,以免防水不利,见图7.33。

⑥非上人保温屋面做法,是在上人屋面做法的基础上去掉了能够承受一定重力和冲击的构件(如钢筋混凝土预制板等的保护防水层和安装必须的结合层),见图7.26(a)。

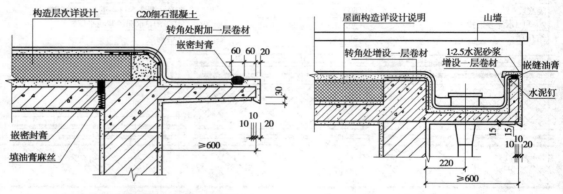

图7.30 保温卷材屋面檐口大样   图7.31 保温卷材屋面檐沟大样

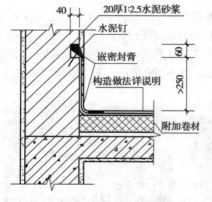

图7.32 保温卷材屋面泛水大样

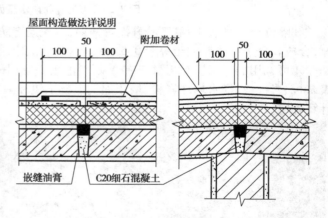

图7.33 保温卷材屋面分格缝做法

2)非保温卷材防水屋面做法

①特点:质量轻,防水性能好,因未考虑保温构造,适用于南方地区。

②其主要构造层次,见图7.26(c)。

③主要构造节点做法,包括檐口(图7.34)、分格缝(图7.35)、泛水(图7.36)等关键部位的做法,见图示。

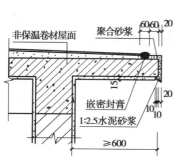

图 7.34 非保温卷材屋面

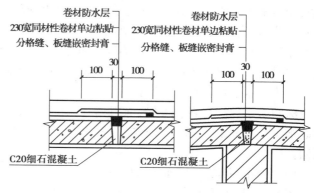

图 7.35 非保温卷材屋面分格缝大样

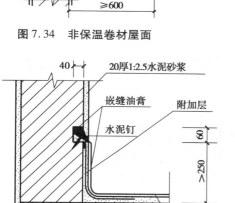

图 7.36 保温卷材屋面泛水大样

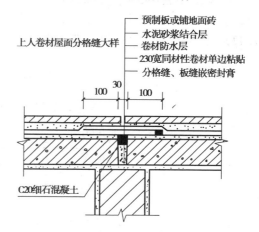

图 7.37 上人卷材屋面分格缝大样

图 7.38 卷材防水屋面施工

图 7.39 涂膜防水屋面施工

7.3.2 涂膜防水屋面做法

涂膜防水屋面主要由底漆、防水涂料、胎体增强材料、隔热材料和保护材料组成。

底漆主要有合成树脂、合成橡胶以及橡胶沥青(溶剂型或乳液型)等材料,用于刷涂、喷涂或抹涂在基层表面,对其进行初步处理。

涂膜防水层主要由氯丁橡胶沥青涂料、再生橡胶沥青防水涂料、SBS 改性沥青防水涂料,以及聚氨酯类防水涂料、丙烯酸防水涂料和有机硅防水涂料等,形成涂膜来作为防水层,对屋面起到防水、密封及美化的作用,见图7.38。

涂膜防水胎体增强材料主要有玻璃纤维纺织物、合成纤维纺织物、合成纤维非纺织物等,其作用是增加涂膜防水层的强度,可防止涂膜破裂或蠕变破裂及涂膜流坠。

涂膜防水隔热材料,与卷材屋面相同。

涂膜防水保护材料(如装饰涂料、装饰材料、保护缓冲材料等),可保护防水涂膜免受破坏和装饰美化建筑物。涂膜防水屋面除防水层及关键节点外,其余做法均同卷材防水屋面做法。

(1)保温涂膜防水屋面构造做法

①特点:利用防水涂料形成隔膜,作为屋面防水层。

②构造做法:除防水材料不同外,基本同卷材防水屋面。

③关键节点大样做法,包括檐沟(图7.40)、檐口(图7.41)、泛水(图7.44)、分格缝(图7.42)、变形缝(图7.43)等关键部位的做法,见图示。

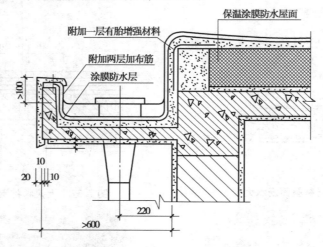

图7.40 保温涂膜防水屋面檐沟

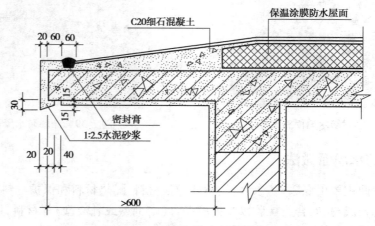

图7.41 保温涂膜防水屋面檐口

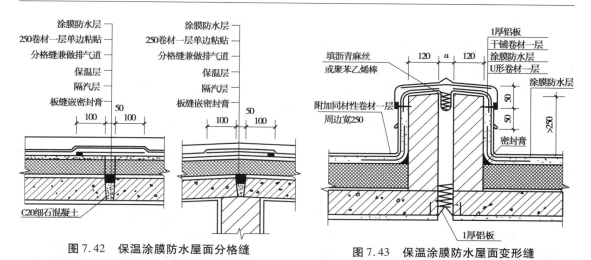

图 7.42　保温涂膜防水屋面分格缝

图 7.43　保温涂膜防水屋面变形缝

（2）非保温涂膜防水屋面构造

相比保温涂膜防水屋面，其做法减少了保温层及其附加层，重要节点做法见图 7.44 至图 7.47。

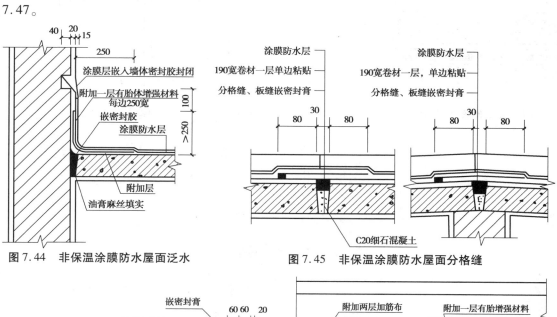

图 7.44　非保温涂膜防水屋面泛水

图 7.45　非保温涂膜防水屋面分格缝

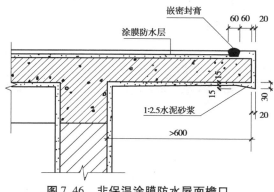

图 7.46　非保温涂膜防水屋面檐口

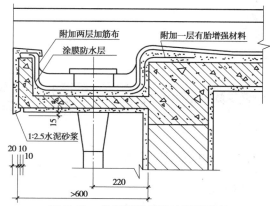

图 7.47　非保温涂膜防水屋面檐沟

（3）倒置式保温屋面

倒置式保温屋面采用如聚苯乙烯泡沫塑料板、聚氨酯泡沫塑料板、泡沫玻璃、憎水膨胀珍珠岩等憎水性的保温材料，并设置于防水层之上，因此称为倒置式。

①优点：构造简单，施工简便；使用寿命长；节省能源；保温隔热性能稳定。

②主要构造层次：保护层，保温层，防水层，找平层（找坡层），结构层，见图7.48。

③主要节点做法：檐沟及泛水构造做法，分别见图7.49和图7.50。

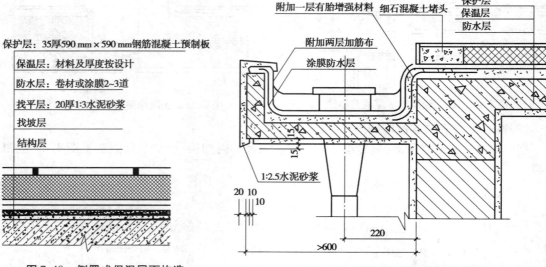

图7.48　倒置式保温屋面构造

图7.49　倒置式保温屋面檐沟大样

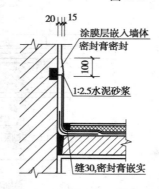

图7.50　倒置式保温屋面泛水

7.4　其他屋面

7.4.1　种植隔热屋面

（1）优点

①能改善城市热岛效应。

②提高建筑保温隔热效果，节能。

③缓解大气浮尘,净化空气。

④提高土地利用率。

(2)主要构造层次

主要构造层次有:种植隔热层、保护层、耐根穿刺防水层、防水层、找平层、保温层、找平层、找坡层、结构层。

①种植土、隔离层、排水层、保护层、防水层、找平层、结构层等,适用于温暖多雨地区,见图7.51(a)。

②种植土、隔离层、排水层、保护层、防水层、找平层、保温层,隔汽层,找平层,结构层等,适用于寒冷多雨地区,见图7.51(b)。

③种植土、砂浆保护层、(蓄水层)、防水层、找平层、结构层,适用于少雨地区,见图7.51(c)。

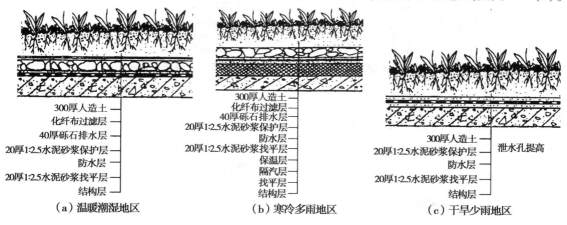

(a)温暖潮湿地区 (b)寒冷多雨地区 (c)干旱少雨地区

图7.51 屋面构造层次

为减轻荷载,种植屋面的种植土层应采用人造土壤,如锯末、炉渣、蛭石和蚯蚓土的混合物。

(3)主要节点构造

泛水及种植土排水构造做法,见图7.52(a)。如果屋面有种植土与水池相邻布置,构造做法见图7.52(b)。

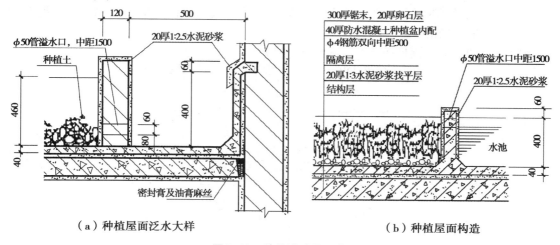

(a)种植屋面泛水大样 (b)种植屋面构造

图7.52 种植池壁及泛水

7.4.2　架空隔热屋面

架空隔热屋面,是用钢筋混凝土薄板,在防水屋面上架设一定高度的空间,利用其间的空气流动加快散热,起到隔热作用的屋面。

①优点:防雨、防漏、经济、施工简单、容易维修等。

②构造层次:架空隔热层,砖墩或砖垄,防水层,找平层,找坡层,结构层。

③架空层做法,见图7.53。

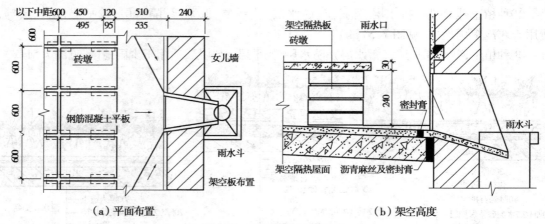

（a）平面布置　　　　　　　　（b）架空高度

图 7.53　架空隔热屋面构造

7.4.3　蓄水隔热屋面

（1）特点

蓄水屋面是在屋顶蓄积一层水,利用水蒸发带走部分热量,从而减少屋顶吸收的热能,达到降温隔热的目的。具体做法是用防水细石混凝土做水池,设计和施工应注意留出泄水口和限定水位的溢水口。蓄水能对混凝土进行长期养护,使混凝土不易开裂,自身可起到防水的作用。

（2）主要构造层次

主要构造层次有:蓄水隔热层,隔离层,防水层,找平层,保温层,找平层,找坡层,结构层。

（3）主要节点做法

檐沟见图7.54,泛水见图7.55,分隔缝见图7.56。

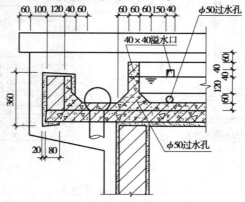

图 7.54　蓄水屋面檐沟构造

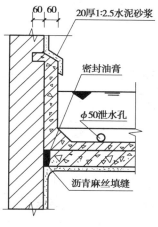

图 7.55 蓄水屋面泛水构造

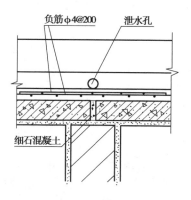

图 7.56 泄水孔及分格缝

7.5 瓦屋面

瓦屋面主要用作坡屋顶的围护和装饰。常用屋瓦的类型有平瓦、小青瓦、筒板瓦和琉璃瓦等。

7.5.1 平瓦屋面

平瓦屋面通常有保温和非保温两种构造做法。

（1）非保温平瓦屋面

①特点：平瓦屋面的主要材料为平瓦和脊瓦，此外，还有金属瓦。常用的规格是：水泥平瓦 385 mm×235 mm，黏土平瓦 380 mm×240 mm，脊瓦皆为 455 mm×195 mm。要求屋面坡度≥30%。

②构造层次：结构层，找平层，防水层，保护层，顺水条，挂瓦条，平瓦，现场安装见图7.58。

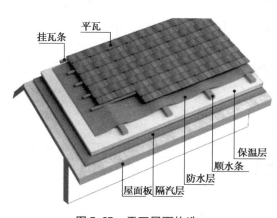

图 7.57 平瓦屋面构造

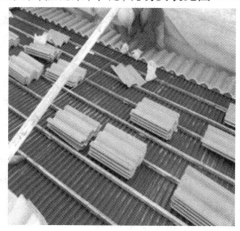

图 7.58 平瓦屋面施工

③主要节点构造做法。檐口做法:现浇屋面应有阻止上部构造层下滑的措施,见图7.60。檐沟构造见图7.61,屋脊做法见图7.62,山墙处的处理见图7.63。

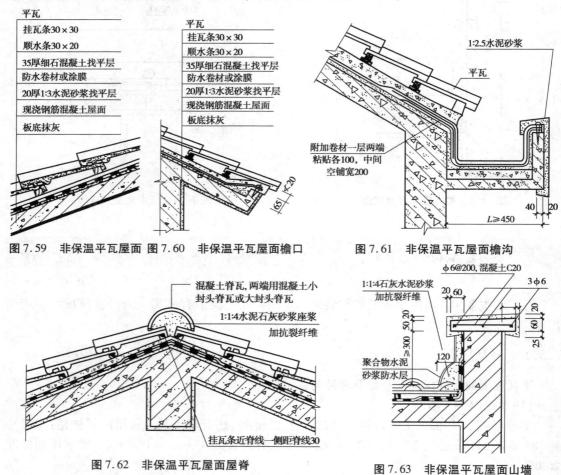

图7.59 非保温平瓦屋面 图7.60 非保温平瓦屋面檐口

图7.61 非保温平瓦屋面檐沟

图7.62 非保温平瓦屋面屋脊

图7.63 非保温平瓦屋面山墙

(2)保温平瓦屋面

①特点:既防水又保温,较普通瓦屋面增设了保温层及附加层,见图7.57和图7.64。

②构造层次:结构层、找平层、防水层、保温层、保护层、顺水条、阻隔性卷材、挂瓦条、平瓦。

③主要节点构造:檐口构造见图7.65,檐沟构造见图7.66,屋脊构造见图7.67,泛水构造见图7.68。

7.5.2 小青瓦屋面

小青瓦又称青瓦、水青瓦、布瓦、土瓦等,是中国传统民居常用的屋面防水瓦材,见图7.69。当代小青瓦屋面,用钢筋混凝土结构代替了木结构(见图7.70),用S瓦代替了小青瓦,提高了建筑的防火性能和使用年限,并且又使传统建筑的神韵得以传承,见图7.71。其做法分为保温和非保温两类。

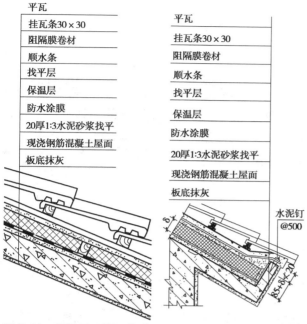

平瓦
挂瓦条30×30
阻隔膜卷材
顺水条
找平层
保温层
防水涂膜
20厚1:3水泥砂浆找平
现浇钢筋混凝土屋面
板底抹灰

图 7.64　保温平瓦屋面构造

平瓦
挂瓦条30×30
阻隔膜卷材
顺水条
找平层
保温层
防水涂膜
20厚1:3水泥砂浆找平
现浇钢筋混凝土屋面
板底抹灰
水泥钉@500

图 7.65　保温平瓦屋面檐口

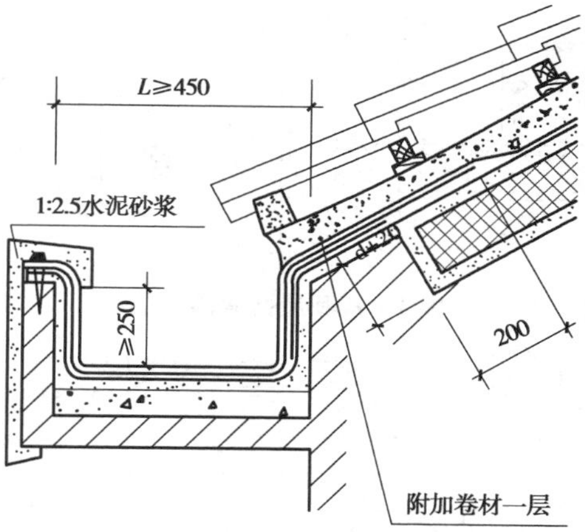

$L \geqslant 450$
1:2.5水泥砂浆
$\geqslant 250$
200
附加卷材一层

图 7.66　保温平瓦屋面檐沟

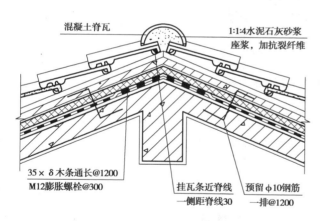

混凝土脊瓦
1:1:4水泥石灰砂浆座浆，加抗裂纤维
35×δ木条通长@1200
M12膨胀螺栓@300
挂瓦条近脊线一侧距脊线30
预留φ10钢筋一排@1200

图 7.67　保温平瓦屋面屋脊

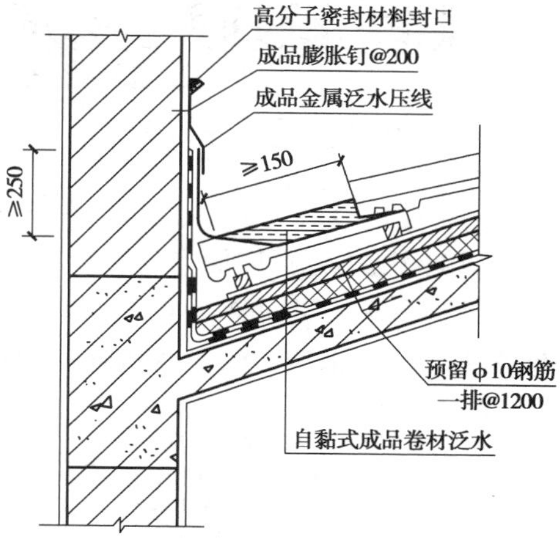

高分子密封材料封口
成品膨胀钉@200
成品金属泛水压线
$\geqslant 150$
$\geqslant 250$
预留φ10钢筋一排@1200
自黏式成品卷材泛水

图 7.68　保温平瓦屋面泛水

图 7.69　传统的小青瓦屋面

图 7.70　小青瓦屋面的木结构

图 7.71　S 瓦屋面

（1）非保温小青瓦屋面

主要节点构造包括：檐沟见图7.72，檐口见图7.73，泛水见图7.74，屋脊构造见图7.75。

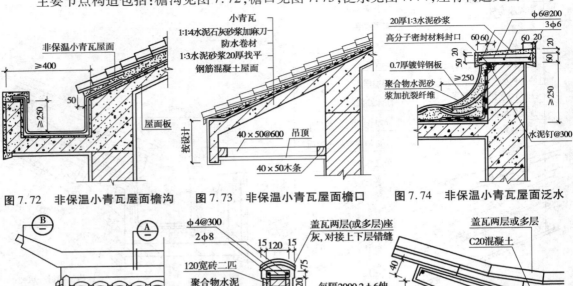

图 7.72　非保温小青瓦屋面檐沟　　　图 7.73　非保温小青瓦屋面檐口　　　图 7.74　非保温小青瓦屋面泛水

图 7.75　小青瓦屋面屋脊构造

（2）保温小青瓦屋面

保温小青瓦屋面是在小青瓦屋面的构造层中，增加了保温层及其附加层。其主要节点构造：檐口构造见图7.76，泛水构造见图7.77，屋脊构造见图7.78。

图 7.76　保温小青瓦檐口

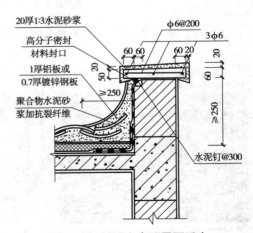

图 7.77　保温小青瓦屋面泛水

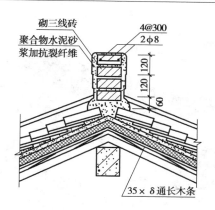

图 7.78　保温小青瓦屋面屋脊

7.6　金属屋面

我国颁发了《采光顶与金属屋面技术规程》(JGJ 222—2012)，对于采光顶和金属屋面的设计和施工建造有着重要意义。它对金属屋面的定义是"由金属板面和支撑体系组成，不分担主体结构所受作用且与水平方向夹角小于 75°的建筑围护结构"。需要解释的是，若与水平方向夹角大于 75°，则属于外墙面。

1)金属瓦

金属瓦仿造平瓦样式用金属制成，如彩钢瓦和彩石金属瓦屋面(图 7.79)，其尺度较传统瓦略大，又较金属屋面板小很多，适用于小型建筑，见图 7.80。

彩石金属瓦屋面的构造层次为：钢筋混凝土结构层，水泥砂浆找平层，SUB 防水卷材，木质顺水条，挤塑保温板，拉法基铝箔满铺，木质挂瓦条，彩石金属瓦。

图 7.79　金属瓦屋面板

图 7.80　金属瓦屋面

2)金属屋面板

金属屋面板是大尺度的成型板材，在工厂生产、现场安装，还可根据各种需要设置其他附加层，见图 7.81。常用的系列有：

(1)直立锁缝屋面系列(美式或澳式锁缝板)

该系列金属板的形状见图 7.83，构造层次见图 7.84，板缝处理见图 7.90。它的特点是抗

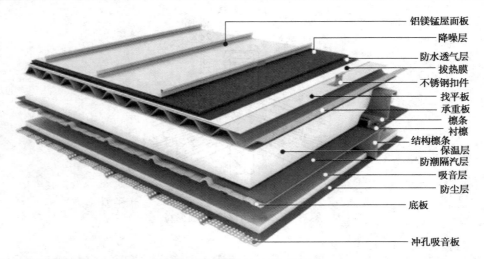

铝镁锰屋面板
降噪层
防水透气层
拔热膜
不锈钢扣件
找平板
承重板
檩条
衬檩
结构檩条
保温层
防潮隔汽层
吸音层
防尘层
底板
冲孔吸音板

图 7.81　金属屋面的附加层

风性、抗热胀冷缩性和防水性较好,易于安装屋面采光,适用于大跨度建筑屋面,用途广。工程实例有北京奥林匹克公园 B 区的国家会议中心,见图 7.85。

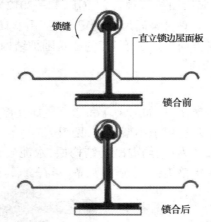

图 7.82　直立锁缝金属屋面板

图 7.83　直立锁缝金属屋面板

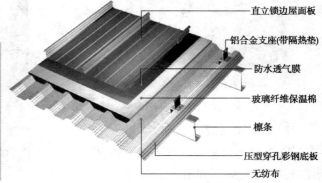

直立锁边屋面板
铝合金支座(带隔热垫)
防水透气膜
玻璃纤维保温棉
檩条
压型穿孔彩钢底板
无纺布

图 7.84　直立锁缝金属屋面板构造层次

（a）建筑及屋面　　　　　　　　　（b）会议中心屋面施工

图7.85　北京奥林匹克公园B区的国家会议中心

（2）其他系列

①打钉板系列：安装时主要靠钉牢，用于屋面小、使用时间不长的临时建筑，见图7.86。

②角驰系列：特点和使用范围与打钉板类似，但防水好于打钉板，见图7.87。

③暗扣板系列：有一定的热胀冷缩补偿功能，防水好，安装较直立锁缝板方便，用途广泛，见图7.88。

④其他还有卷材防水复合压型钢板屋面等，见图7.89。

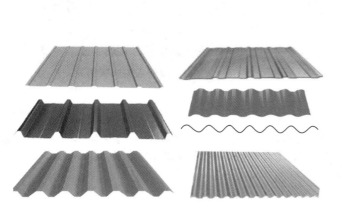

图7.86　打钉板系列

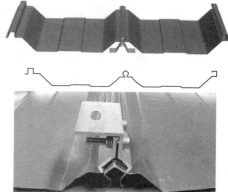

图7.87　金属屋面板——角驰板

图7.88　暗扣板

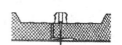

图7.89　金属屋面板——复合压型钢板

7.7 玻璃采光顶

7.7.1 概述

玻璃采光顶是由玻璃透光面板与支承体系组成的屋顶。

①特点:采光好但遮阳差,可选用合适的玻璃材料或附加光栅(百叶)、挡帘等,来减少太阳直射,见图7.90。

②主要构造层次:结构层,金属龙骨或支架,玻璃面层,安装固定构件,密封胶。

③常用玻璃制品:钢化玻璃、夹胶钢化玻璃、中空钢化玻璃等。玻璃材料还可与光伏产品共同组成采光顶,节能环保。

图7.90 设有光栅的玻璃顶　　　　　图7.91 金属架点支式玻璃顶

7.7.2 分类

按造型分,有单坡、双坡、三坡(三菱锥)、四坡、半圆、1/4圆、多角锥、圆锥、圆穹顶等。按支承方式可分为框架支承方式(如明框、隐框或半隐框支承玻璃采光顶)和点支承方式(如钢爪打孔式、夹板固定式、点支承玻璃采光顶),见图7.91。

7.7.3 框架支承式玻璃屋面

(1)明框支承

①特点:是在由倾斜或水平的铝合金组成的框格上镶嵌玻璃,并用铝合金压板来固定夹持玻璃。框格固接在承重结构层上,由结构层承受并传递采光顶的自重、风荷载、雪荷载等。框格明显地表现在建筑外表面上,形成独特的建筑效果,见图7.92和图7.93。

②构造层次:结构层,金属支承框架,玻璃,金属压条。

③主要大样和节点:平面分格见图7.94,檐口见图7.95,屋顶剖面大样见图7.96,屋脊构造见图7.97,分格缝构造见图7.98。

(2)隐框支承

①特点:支架系列多样化,表面平顺,排水顺畅,采光好,所有构件在工厂生产、现场安装,制作精密。

②构造层次:结构层,金属支承框架,玻璃面层。

图 7.92 明框支承的四棱锥玻璃顶

图 7.93 明框支承的玻璃顶

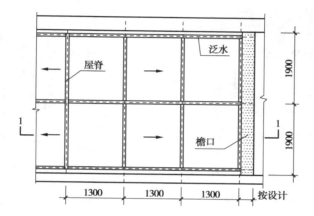

图 7.94 明框双坡玻璃顶平面

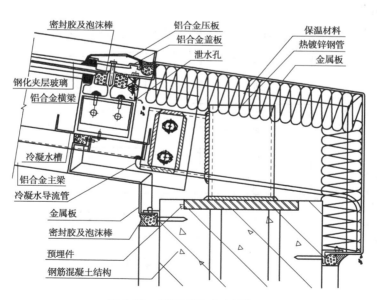

图 7.95 明框双坡玻璃顶檐口

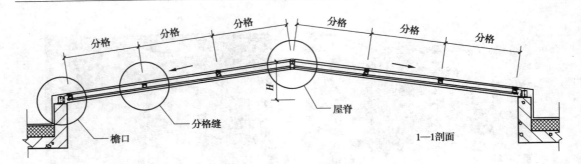

图 7.96　明框双坡玻璃顶剖面

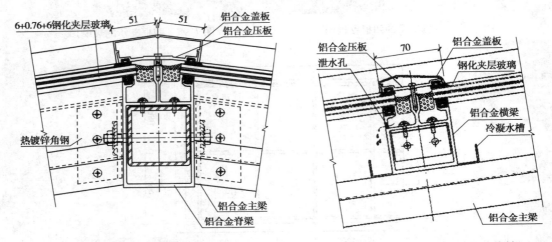

图 7.97　明框双坡玻璃顶屋脊 　　　　　　 图 7.98　明框双坡玻璃顶分格缝

③主要构造节点举例:平面玻璃分格见图7.99,檐口见图7.100,剖面见图7.101,分格缝见图7.102,屋脊见图7.103。

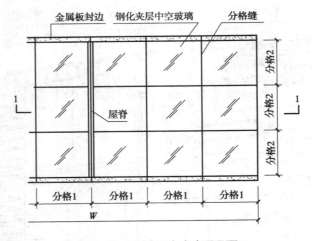

图 7.99　隐框双坡玻璃顶平面

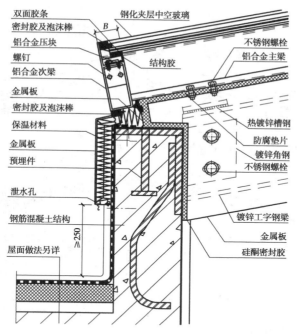

图 7.100 隐框玻璃顶檐口

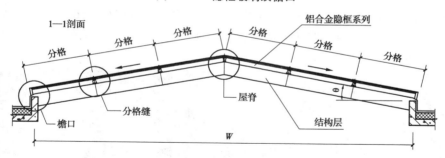

图 7.101 隐框双坡玻璃顶剖面

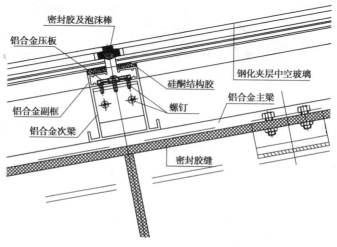

图 7.102 隐框玻璃顶分格缝

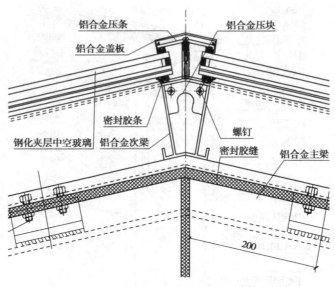

图 7.103　隐框双坡玻璃顶屋脊

7.7.4　点支承式玻璃屋面

点支承式是在各种结构类型之上,利用支座及驳接爪构件(图 7.104)来固定玻璃,以点状构件替代线状的明框或隐框系列。其特点是通透性、安全性好;灵活性好,方便屋面造型;制作精美,观感好。

图 7.104　驳接爪　　　图 7.105　钢梁系点支承　　　图 7.106　玻璃梁点支承玻璃屋面

(1)梁系点支承式

①特点:表面平顺,排水顺畅,采光好,结构层为钢梁或玻璃梁,驳接爪安装在梁上,适用于跨度小于 10 m 的屋面,见图 7.105 和图 7.106。

②构造层次:结构层,支座,玻璃面层。主要构造节点举例:平面分格见图 7.107,剖面大样见图 7.108,檐口构造见图 7.109,屋脊构造见图 7.110。

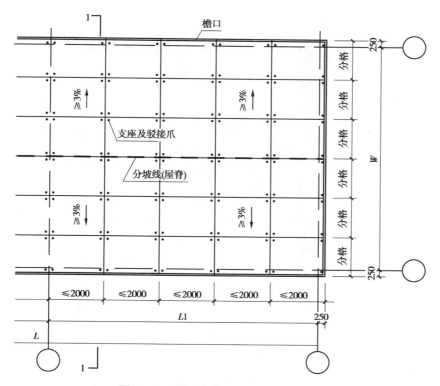

图 7.107 梁系点支承式双坡屋顶平面

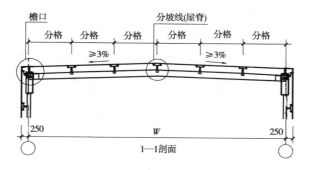

图 7.108 剖面

（2）其他点支承式

①各种拉索拉杆结构点支承玻璃屋面，见图 7.111。

②玻璃梁点支承玻璃屋面，见图 7.113。

③网架结构点支式玻璃屋面，适用于 30～60 m 跨度，见图 7.112。

④钢平面桁架点支式：弧形平面桁架适用于 10～30 m 的结构跨度；平直平面桁架适用于 6～60 m 跨度；三角形跨度不大于 18 m。

⑤其余不同结构层玻璃采光顶类型、特点及适用范围，详见表 7.3。

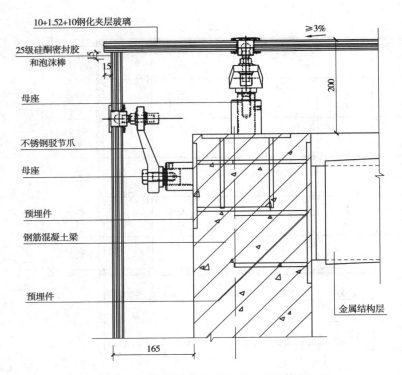

图 7.109 梁系点支承式玻璃采光顶檐口

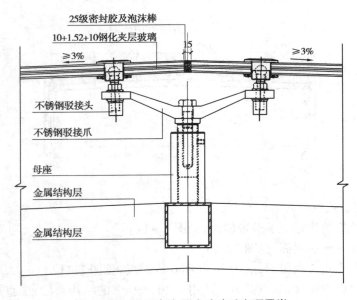

图 7.110 梁系点支承式玻璃采光顶屋脊

图7.111 拉杆拉索结构点支承玻璃屋面

图7.112 网架结构点支式玻璃屋面

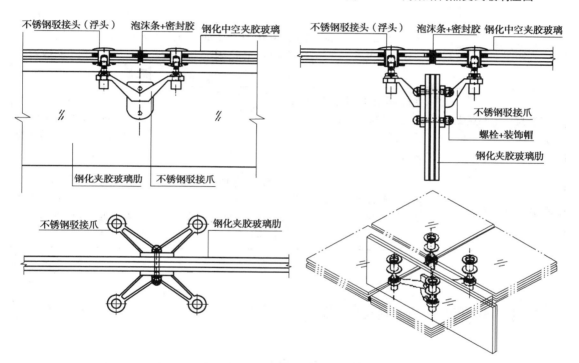

图7.113 玻璃梁点支承玻璃屋面

表7.3 不同结构层玻璃采光顶类型、特点及适用范围

采光顶形式	特 点	适用范围	材料要求
轮辐式拉杆点支式采光顶	轮辐状放射式结构,造型新颖、易于形成球面支承结构体系,可与边部环形支承结构形成自平衡体系,有良好的观赏性	适用于直径 D 为 $5\sim25$ m 的球面圆顶结构,矢高 $f=D/(5\sim10)$	玻璃长边不宜大于 1 800 mm,宜采用不锈钢拉杆、不锈钢悬空杆

续表

采光顶形式	特 点	适用范围	材料要求
轮辐式拉索点支式采光顶	轮辐状放射式结构,造型新颖、易于形成球面支承结构体系,可与边部环形支承结构形成自平衡体系,有良好的观赏性	适用于直径 D 为 $5\sim25$ m 的球面圆顶结构,矢高 $f=D/(5\sim10)$	玻璃长边不宜大于 $1\,800$ mm,宜采用不锈钢拉杆、不锈钢悬空杆
拱形拉杆点支式采光顶	简洁美观,结构轻盈,易与周围建筑合成一体	适用于直径 D 为 $8\sim16$ m 的拱形顶,结构矢高 $f=D/2$	玻璃长边不宜大于 $1\,800$ mm,宜采用不锈钢拉杆和钢管
拉索桁架点支式采光顶	轻盈,纤细,强度高,能用于较大跨度	每榀拉索桁架间距 $b=1\,000\sim1\,800$ mm,跨度 $L\leq18$ m,拉索矢高 $f=L/(10\sim15)$	玻璃长边不宜大于 $1\,600$ mm,宜采用不锈钢拉索(钢绞线)不锈钢空腹管
自平衡拉索桁架点支式采光顶	受拉、受压杆件合理分配内力,有利于主体结构的受力,外形新颖,有较好的观赏性	自平衡间距 $1\sim3$ 个玻璃分格跨度 $L\leq15$ m,拉索矢高 $f=L/(5\sim10)$	玻璃长边不宜大于 $1\,800$ mm,宜采用不锈钢拉索(钢绞线)、不锈钢腹腔杆
张拉弦桁架采光顶	轻盈,纤细,强度高,能用于较大跨度	每榀拉索桁架间距 $b=1\,200\sim1\,800$ mm,跨度 $L=9\sim18$ m,拉索矢高 $f=L/(10\sim15)$	玻璃长边不宜大于 $1\,600$ mm,宜采用不锈钢拉索(钢绞线)、不锈钢腹腔杆

7.8 屋顶其他构造

除前面所述以外,屋面还有其他一些部位和重要节点,下面列举一些实例,能够看出其构造原理。

1)泛水

有女儿墙的屋面,防水层应做泛水,即防水层应沿屋面周边女儿墙及其他墙面向上翻起,高度不小于 250 mm,使屋面防水层形成水池模样。泛水就是池壁,用以保护屋面,同时保护墙体与屋面相交处的缝隙不致漏水,见图 7.104。

2)压顶

墙顶的加强做法,是避免受雨水或冰雹等的侵害,图 7.105 和图 7.106 即为加固的类型。

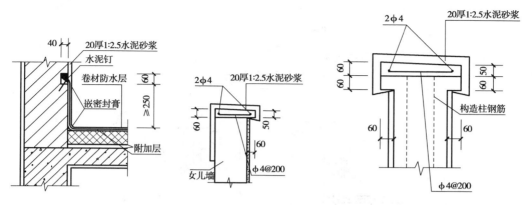

图7.114 卷材屋面泛水　　图7.115 砖砌女儿墙压顶　　图7.116 防震加固的女儿墙压顶

3)天沟排水与檐沟排水

天沟排水(图7.108)与檐沟排水(图7.107),采用一样的雨水管,但雨水口的类型不同。

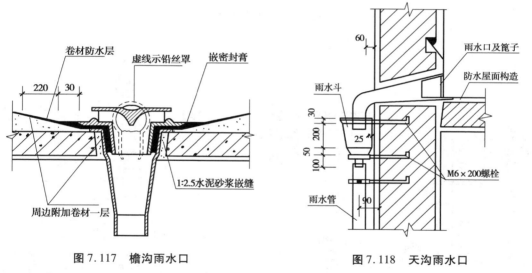

图7.117 檐沟雨水口　　　　　　图7.118 天沟雨水口

4)管道出屋面构造

管道出屋面的构造和变形缝一样,要做泛水并考虑盖缝,见图7.109和图7.111。

5)检修梯

检修梯供不上人屋面在检修和围护时使用,一般做成垂直金属爬梯形式,距地的高度要能够避免儿童攀爬,见图7.110。

6)检修孔

检修孔供不上人屋面在检修和围护时使用,应可以开闭。孔的大小能供人通过,四周设置泛水,盖板应较轻、方便开启,见图7.112。

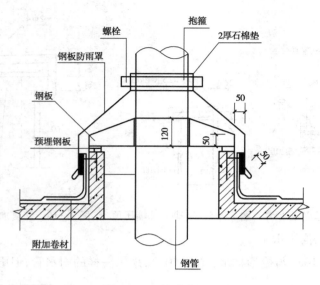

图 7.119 管道出屋面

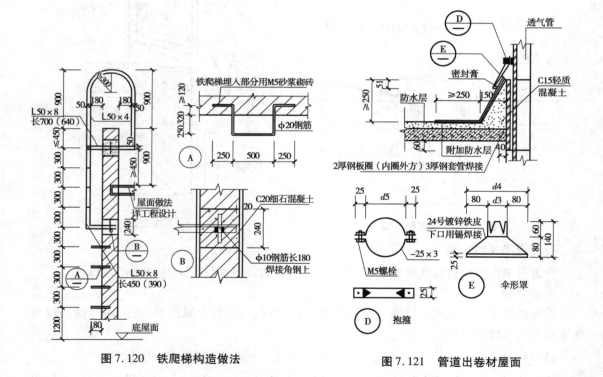

图 7.120 铁爬梯构造做法

图 7.121 管道出卷材屋面

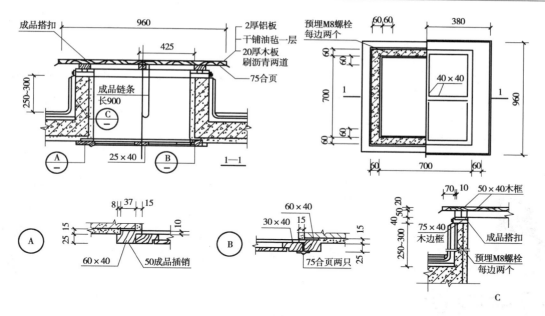

图 7.122 卷材屋面检修口

复习思考题

1. 屋面类型与材料有哪些？
2. 屋面对建筑造型有何影响？
3. 屋面隔热原理及措施是什么？
4. 屋面防水的原理和构造措施是什么？
5. 建筑保温原理及措施是什么？
6. 以安装为主的屋顶有哪些类型？
7. 什么是玻璃屋顶的防水与排水？
8. 玻璃顶通常采用什么玻璃？为什么？
9. 管道等处屋面的防水措施有何共同点？
10. 什么是倒置式防水屋面？它有何特点？

8

门窗构造

[本章导读]

通过本章学习,应了解门窗的围护作用和使用要求;了解门窗的密闭性要求和节能的构造措施;熟悉门窗的类型、标准设计和适用范围;熟悉门窗的制作材料和门窗的制作安装方法。

门窗是建筑的重要组成构件,它对建筑的使用功能和外观影响很大。

我国现代建筑门窗是 20 世纪发展起来的,按门窗的材质来区分,大致可分为木门窗时代和钢门窗时代、铝门窗时代和塑料门窗时代。在我国,发展建筑节能的技术将成为当今门窗行业发展的动力,南方冬暖夏热地区节约空调制冷能源消耗,以及北方节约采暖供热能源消耗等,将作为门窗节能技术开发的目标。

8.1 门窗的类型与尺度

8.1.1 门窗概述

(1)门窗的作用

门窗是建筑内外联系的主要途径,在抗风压、阻止冷风渗透、防止雨水渗透、保温、隔热、隔声和采光等方面都有相应的要求。在不同气候的地区和不同季节,通过门窗起到利用或阻止环境因素作用,可满足人对房间的建筑物理、环境卫生、气温、心理和安全等多方面的需求。

门在房屋建筑中除用于交通联系,还满足采光、通风和美观需要,有时还要求具备保温、

（a）古代建筑的门窗　　　　　　（b）现代建筑的门窗

图8.1　古今门窗实例

隔声、防水、防火及防放射线等功能。窗的作用主要是采光、通风、眺望和装饰,在特殊情况下,也具有保温、隔声、防水、防火及防放射线等功能。门窗的尺寸大小、位置、高度和开启方式等,是影响建筑使用功能的重要因素,其比例尺度、形状、数量、组合方式、位置、材质和色彩等,也是影响建筑视觉效果的因素之一(图8.1)。门窗的设置一般由交通疏散、防火规范、室内布置等因素来确定。

（2）门窗的构造要求

①满足使用的要求,采光、通风、防风雨、保温隔热的要求。窗的大小应满足窗地比的要求,其透光率是影响采光效果的重要因素。窗的热量散失,相当于同面积围护结构的2～3倍,占全部热量的1/4～1/3。

②满足建筑视觉效果的要求。窗的式样在满足功能要求的前提下,应力求做到形式与内容的统一和协调,而且必须符合整体建筑立面处理的要求。

③适应建筑工业化生产的要求,窗的尺寸应符合模数制的有关规定。

④其他要求:坚固耐久、灵活、便于清洗维修。

（3）门窗常用材料及代号

在设计图中,门的代号为M,通常包括固定部分(门框)和一个或更多的可开启部分(门扇)。窗的代号为C,通常包括固定部分(窗框)和一个或更多的可开启部分(窗扇)。标准设计中,门窗代号的组成格式见图8.2,常见的门窗代号见表8.1。

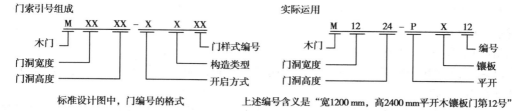

图8.2　标准设计图中的门窗编号举例

表8.1　常见的门窗代号

名　　称	组合方式	代　　号
平开铝合金门	开启—材料	PLM50
固定铝合金窗	开启—材料	GLC
防风沙平开拼板门	用途—开启—构造—材料	SPPMM
推拉塑料窗	开启—材料	CST80

常用的门窗有:木门窗(木—M)、钢门窗(钢—G)、铝合金门窗(铝合金—L)、塑料门窗(塑料—S)、PVC塑料门窗、复合材料门窗等。

8.1.2　常用门的类型与尺度

常用门的开启方式见图8.3。

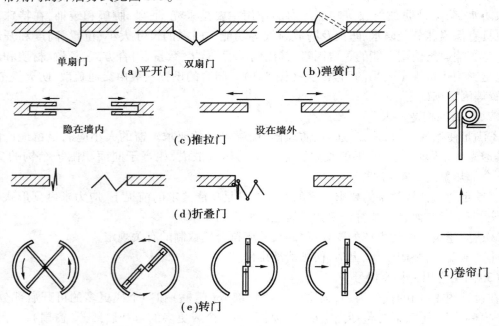

图8.3　门的开启方式

(1)门的类型

按门在建筑物中所处的位置,可分为内门和外门;按开启方式可分为平开门、弹簧门、推拉门、折叠门、旋转门、卷帘门和感应门等(图8.4);按料材可分为木门、铝合金门、塑钢门、彩板门、玻璃钢门、钢门等;按用途可分为防火门、隔声门、保温门、屏蔽门、车库门、检修门、防盗门、泄压门和引风门等。

①平开门:门扇与门框用铰链连接,门扇水平开启,依靠铰链轴或辅以闭门器来转动开合。平开门因其简单的构造、灵活的开启方式以及较方便的制作、安装和维修而被广泛使用,但门扇易产生下垂或扭曲变形,所以门扇宜轻,门洞一般不宜大于3.6 m×3.6 m。门扇的材料有木材、铝合金和玻璃、钢或钢木组合。当门的面积大于5 m² 时,宜采用角钢骨架,并在洞口两侧做钢筋混凝土门柱,或在砌体墙中砌入钢筋混凝土砌块,便于安装铰链,见图8.4(a)。

②弹簧门:门扇与门框用弹簧铰链连接,门扇水平开启,依靠弹簧铰链或地弹簧转动,构造比平开门稍复杂,可单向或双向开启,见图8.4(b)。为避免人流相撞,门扇一般设为玻璃或镶嵌玻璃。根据相关规范,弹簧门不得在幼托等建筑中使用,也不可以作为防火门。

③推拉门:也称滑拉门,是依靠轨道左右滑行来开合的,有单扇和双扇之分,按照轨道的位置有上挂式和下滑式之分。上挂式适用于高度小于4 m的门扇,下滑式多适用于高度大于4 m的门扇。根据门洞的大小,门可以采用单轨双扇、双轨双扇、多轨多扇等形式,门扇材料类型较多。门扇还可藏在夹墙内或贴在墙面外,占用空间少,受力合理,不易变形,但关闭时难以密闭。民用建筑中一般采用轻便推拉门分隔内部空间,一些人流量大的公共建筑还可采用传感控制自动推拉门,见图8.4(c)。

④折叠门:由铰链将多扇门连接构成,每扇宽度为500~1 000 mm,一般以600 mm为宜,适用于宽度较大的洞口。普通铰链只能挂两扇门,不适用于宽大洞口,折叠门通常使用特质铰链。折叠门可分为侧挂式折叠门和推拉式折叠门两种。侧挂式折叠门与普通平开门相似,推拉式折叠门与推拉门构造相似。折叠门开启时占用空间少但构造较复杂,一般常用于商业建筑或公共建筑中分隔空间,见图8.4(d)。

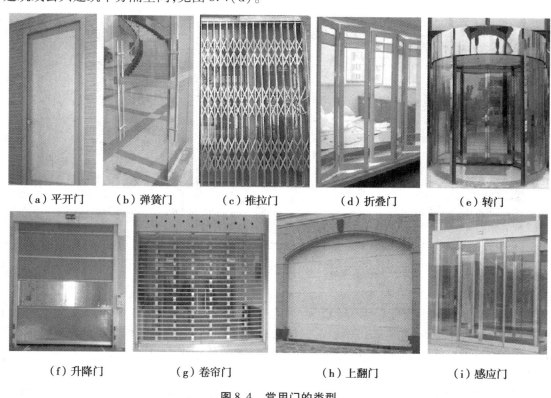

（a）平开门　　（b）弹簧门　　（c）推拉门　　（d）折叠门　　（e）转门

（f）升降门　　（g）卷帘门　　（h）上翻门　　（i）感应门

图8.4　常用门的类型

⑤转门:由两个固定的弧线门套和垂直旋转的门扇组成。门扇为三扇或四扇,绕竖轴旋转。转门对隔离室内外空气有一定的作用,可作为寒冷地区、空调建筑且人流量不是很多的公共建筑的外门(如银行、写字楼、酒店等),但不能作为疏散门。需设置疏散口的时候,一般在转门的两旁另设平开门,见图8.4(e)。

⑥升降门:开启时门扇沿轨道上升,它不占使用面积,常用于空间较高的民用与工业建

筑,见图8.4(f)。

⑦卷帘门:由多片金属页片连接而成,上下开合时由门洞上部的转轴将页片卷起放下,开启时不占使用面积,常用于不经常开关的商业建筑的大门等,见图8.4(g)。钢卷帘门也常作为建筑内部防火分区的设施。除防火卷帘门外,其他卷帘门一般不用于安全疏散口处。卷帘门按材质不同,有铝合金面板、钢质面板、钢筋网格和钢直管网4种;按开启方式分为手动卷帘门和电动卷帘门两种类型。

⑧上翻门。上翻门充分利用上部空间,门扇不占用面积,五金及安装要求高。它适用于不经常开关的门,如车库大门(图8.4(h))。

⑨感应门。感应门适用于宾馆、酒店、银行、写字楼、医院、商店等,应用非常广泛,按开启方式分有平移式、旋转式和平开式,按感应方式的不同可分为红外线感应门、微波感应门、刷卡感应门、触摸式感应门等。使用感应门可以节约空调能源、降低噪声、防风、防尘(图8.4(i))。

⑩其他门和门洞。例如古代中的将军门(图8.5(a))、耳门、牌坊(图8.5(b))和辕门(图8.5(c))等。中国古建筑使用的门窗类型众多,但现在应用较少。

（a）将军门　　　　　　　（b）牌坊　　　　　　　（c）辕门

图8.5　门和门洞的其他样式

(2)门的尺度

一般民用建筑门的高度采用3M模数,常见的有2 100,2 400,2 700,3 000 mm等,特殊情况以1M为模数,高度不宜小于2 100 mm。门设有亮子(门扇上的小窗)时,门洞高度一般为2 400 ~ 3 000 mm。为了满足较大的人流量和疏散要求,公共建筑大门可设置两扇门扇以上,高度可视需要适当提高。

门的宽度一般以基本模数1M为模数,大于1 200 mm时以3M为模数。单扇门为700 ~ 1 000 mm;双扇门为1 200 ~ 1 800 mm。门扇不宜过宽,洞口宽度在2 100 mm以上时,应做成三扇、四扇或双扇带固定扇的门。对于辅助房间(如浴厕、储藏室等),门的宽度一般为0.7 ~ 0.9 mm,公用外门一般为1.5 m,入户门和起居室(厅)、卧室门为0.90 m,厨房门为0.80 m,住宅卫生间门和单扇阳台门为0.70 m。一个门扇的宽度一般不超过1 m。

为设计和制作方便,常见民用建筑用的门均已编制成标准图,设计时可按需要直接选用。

8.1.3 窗的类型与尺度

（1）窗的类型

①按其开启方式分为：固定窗、平开窗、悬窗、立转窗、推拉窗等（图8.6）。

②按料材可分为：铝合金窗、塑钢窗、彩板窗、木窗、钢窗、纱窗、玻璃窗等。

③按窗的层数可分为：单层窗和双层窗。

④按用途可分为：防火窗、隔声窗、保温窗和气密窗等。

⑤其他类型还有棂格窗、花格窗、漏窗、百叶窗、玻璃天窗等。

设在屋顶上的窗为天窗。对于进深或跨度大的建筑物，设置天窗可以增强采光和通风，改善室内环境。所以，在宽大的单层厂房中，以及博物馆和美术馆这一类公共建筑中，天窗的运用比较普遍。

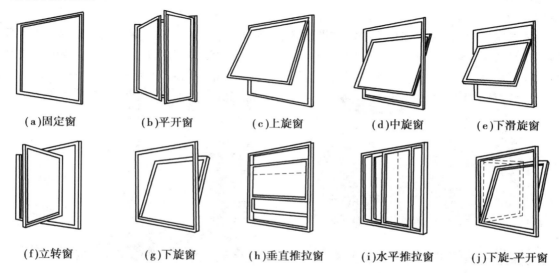

（a）固定窗	（b）平开窗	（c）上旋窗	（d）中旋窗	（e）下滑旋窗
（f）立转窗	（g）下旋窗	（h）垂直推拉窗	（i）水平推拉窗	（j）下旋-平开窗

图8.6　窗的开启方式

①固定窗：无窗扇且不能开启，其玻璃直接镶嵌在窗框上，大多用于只要求有采光、眺望功能的窗，如走道的采光窗和一般窗的固定部分。它构造简单，密闭性好，多与开启窗配合使用，不能通风。

②平开窗：有单扇、双扇、多扇及向内开与向外开之分。平开窗与平开门相似，它构造简单、开启灵活、制作维修均方便，是民用建筑中很常见的一种窗。

③悬窗：根据铰链和转轴位置的不同，可分为上悬窗、中悬窗和下悬窗。上悬窗一般向外开，防雨性好，多采用作外门和窗上的亮子。下悬窗向内开，通风较好，不防雨，一般用于内门上的亮子。中悬窗开启时窗扇上部向内、下部向外，对挡雨、通风有利。

④推拉窗：分为水平推拉窗和上下推拉窗两种。水平推拉窗不能全部开启，垂直推拉窗需升降制约措施，可以用于传递物品。推拉窗因开启时不占室内空间、窗扇受力状态好，所以窗扇及玻璃尺寸可较平开窗大，但通风面积受限。

⑤立转窗：在窗扇上下冒头的中部设转轴，立向转动。立式转窗引导风进入室内效果较好，多用于单层厂房的低侧窗；防雨及密封性较差，不宜用于寒冷和多风沙的地区。

⑥折叠窗：全开启时视野开阔，通风效果好，但需用特殊五金件。

⑦纱窗:纱窗的主要作用是"防蚊虫"。现在的纱窗比以前多了更多的花样,出现了隐形纱窗(图8.7)和可拆卸纱窗。

⑧百叶窗(图8.8):能阻挡阳光直射和通风。

⑨隔音玻璃窗(图8.9):由双层或三层不同质地或不同厚度的玻璃与窗框组成。隔音层玻璃是使用PVB膜等,经高温高压牢固黏合而成的;在隔音层之间,夹有充填了干燥剂(分子筛)的铝合金隔框,边部再用密封胶(丁基胶、聚硫胶、结构胶)黏结合成。另一种是利用保温瓶原理,制作透明可采光的均衡抗压的平板型玻璃构件,在窗架内填充吸声材料,充分吸收透过玻璃的声波,以最大限度地隔离各频段的噪声。

⑩漏窗:在窗洞内装饰各种漏空图案,透过漏窗可看到窗外景物。漏窗是中国园林中独特的建筑形式,也是构成园林景观的一种建筑艺术构件,通常作为园墙上的装饰小品,多在走廊上成排出现,江南宅园中应用很多,如苏州园林园壁上的漏窗就具有十分浓厚的文化色彩,见图8.10。

⑪玻璃天窗:是设在屋顶上的窗户类型,适合于进深或跨度较大、室内光线较差、空气不畅通的建筑物,通过天窗可以增强室内的采光和通风,从而改善室内环境,因此也适用于较大的单层厂房中。目前在大型的公共建筑中设置中庭的方式很受欢迎,因此玻璃天窗应用较广。

图8.7　隐形纱窗

图8.8　百叶窗

图8.9　双层隔音玻璃窗

图8.10　漏窗

(2)窗的尺度

各类窗的高度尺寸通常采用扩大模数3M数列,宽度采用基本模数。一般平开窗的窗扇高度为800~1 500 mm,宽度为400~600 mm;上下悬窗的窗扇高度为300~600 mm;中悬窗窗扇高不宜大于1 200 mm,宽度不宜大于1 000 mm;推拉窗高度均不宜大于1 500 mm。

8.2　门窗物理性能

门窗的物理性能主要包括抗风压性能、气密性能、水密性能、保温性能、隔声性能和采光性能。

（1）门窗的抗风压性能

抗风压性能是指关闭着的外门或外窗抵抗风压作用的能力。风压的作用可使门窗构件变形，拼接缝隙变大，从而影响正常的气密、水密性能。当荷载产生的压力超过其承受能力时，会产生永久变形、玻璃破碎、五金件损坏等，甚至导致安全事故。抗风压性能的优劣，关系到门窗的气密水密性能好坏，甚至人身安全。抗风压性能检测装置示意图见图 8.11（c）。

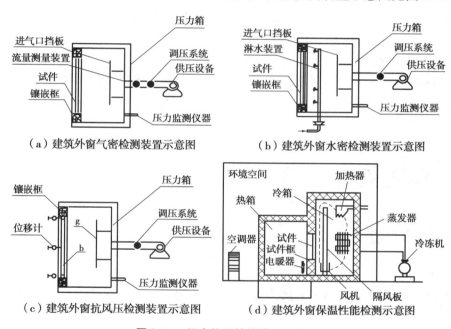

（a）建筑外窗气密检测装置示意图　　（b）建筑外窗水密检测装置示意图

（c）建筑外窗抗风压检测装置示意图　　（d）建筑外窗保温性能检测示意图

图 8.11　门窗物理性能检测示意图

（2）门窗的气密性能

气密性能是指外门或外窗在关闭时，阻止空气渗透的能力。它是在 10 Pa 压力差时测得的单位时间、单位面积的通气量，分为 5 级，1 级最差（$18 \geqslant q \geqslant 12$），5 级最好（$q \leqslant 1.5$）。这个指标反映门窗节能的性能，还反映隔声、保温和防尘的效果。一般的工程选用要求不低于 4 级。建筑外窗气密检测示意图见图 8.11（a）。

（3）门窗的水密性能

水密性是指关闭着的外窗在风雨同时作用时，阻止雨水渗漏的能力。它采用严重渗漏压力差的前一级压力差作为分级指标，共分 5 级，1 级（100～150 Pa），2 级（150～250 Pa），3 级（250～350 Pa），4 级（350～500 Pa），5 级（500～700 Pa）。水密性不足会影响房间的正常使用，严寒地带有因为渗水而将型材冻裂的可能性，型材腔内积水还会腐蚀金属材料和五金零件,影响门窗正常启闭,缩短门窗的寿命。一般的工程选用要求不低于3级。建筑外窗水密检测装置示意图见图8.11(b)。

(4)门窗的保温性能

保温性能是指门窗两侧存在空气温差时,门窗阻抗从高温一侧向低温一侧传热的能力。外窗保温性能按外窗的传热系数 K 值分为10级,1级 K 最大(≥5.5W/M·K),10级最小(≤1.5 W/M·K)。保温性能直接影响建筑物的空调能耗及室内环境,性能不佳会引起空调能耗的增加。提高保温性能的主要措施是增加玻璃层数、采用中空玻璃和减少缝隙的透风。建筑外窗保温性能检测示意图见图8.11(d)。

(5)门窗的隔声性能

声音通过门窗后,音的强度衰减多少的数值,就能体现门窗的隔声性能强弱。音的强度用分贝(dB)来表示。不需要的声音都是噪声,通常以工业和交通噪声为主。噪声会破坏人的生活环境,危害人体健康,影响人们的正常工作和生产活动。门窗隔绝噪声的能力分为6级,一般将隔声量在30 dB以上的门窗称为隔声门窗。

(6)门窗的采光性能

采光性能是指在漫射光照射下透过光的能力,其指标为透光折减系数 T_r,数值为透射漫射光照度与漫射光照度之比。采光性能的优劣不仅对工作效率有着明显的影响,而且直接影响到人们的视力健康。

8.3　门窗构造

8.3.1　木门的构造

1)木门的组成

木门主要由门樘(门框)、门扇、腰头窗(亮子窗)、玻璃和五金零件等部分组成,见图8.12(a)。

门框是门与墙体的连接部分,由上框、边框、中横框和中竖框组成,附件有贴脸板、筒子板等,分为有亮子和无亮子两种。门冒头与边梃的结合,一般在冒头上打眼,在边梃断头开榫。对于有亮子的门框,需在门扇上方设置中贯档,在边梃上打眼,并在中贯档的两端开榫完成边框与中贯档的连接。

门扇一般由上、中、下冒头和边梃组成骨架,中间固定门芯板。按其骨架和面板拼装的方式,可分为镶板式门扇和贴板式门扇。其中,镶板式的面板通常采用实木板、纤维板、木屑板等,贴板门的面板采用胶合板和纤维板。

门的主要五金配件包括铰链(图8.13)、闭门器(图8.14)、地弹簧(图8.15)、插销、门锁、拉手和门碰等。五金配件是门窗的组成部分,是保证门窗框与门窗扇之间连接的重要零件,它的优劣直接关系到门窗的使用功能和寿命。

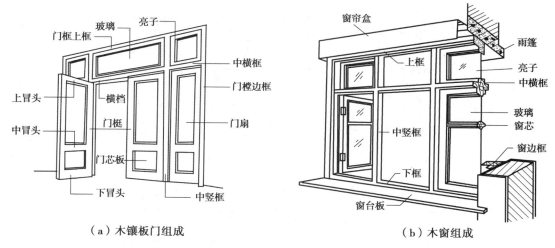

（a）木镶板门组成　　　　　　　　（b）木窗组成

图8.12　木门窗的组成

图8.13　铰链（合页）　　　图8.14　闭门器　　　图8.15　地弹簧

（1）门框的形状与尺寸

门框的断面形状与尺寸取决于门扇的开启方式和门扇的层数。由于门框要承受各种撞击荷载和门扇的重量，应有足够的强度和刚度，故其断面尺寸较大。木门框主要用料见图8.16，一般有单裁口和双裁口，裁口的深度为8～10 mm。

（2）木门框的安装

门框的安装方式有先立口和后塞口两种，立口法需要在下面加一个尺寸B，即留足地面面层厚度要占用的空间，见图8.17。

立口（又称立樘子），是在墙体砌筑之前先将门框或窗框立起后再砌砖的方法。为加强门窗框与墙的拉结，在木框上档伸出半砖长的木段，同时在边框外侧每隔400～600 mm设一木拉砖或铁脚砌入墙身。优点是木框与墙的连接紧密，缺点是施工不便，木框及临时支撑易被碰撞而产生移位破损，现采用较少，见图8.18。

塞口（又称塞樘子），是在墙体砌筑之后将门框或窗框塞入预留的洞口，然后进行固定的方法。砌墙时应在木框两侧每隔400～600 mm砌入一块半砖的防腐木砖。窗洞每侧不少于2块木块，安装时将木框钉在木砖上。此方法的优点是墙体施工与木框安装分开进行，避免相

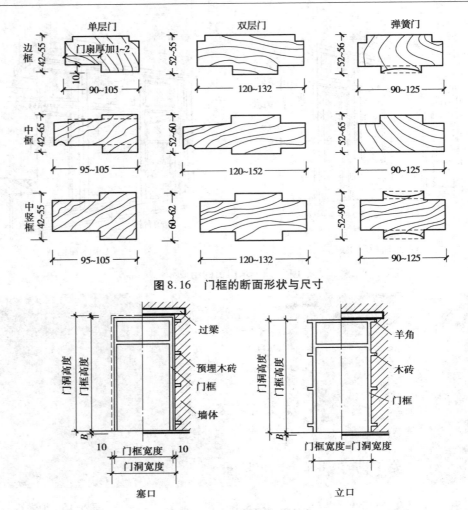

图 8.16　门框的断面形状与尺寸

图 8.17　木门框的安装方式

互干扰,不影响施工。缺点是为了安装方便,木框与墙体之间缝隙预留较大。工厂化生产的成品门大部分采用塞口法施工。

(3)门框的位置

门框在洞口中的位置,根据门的开启方式及墙体厚度不同可分为外平、居中、内平、内外平 4 种,见图 8.18。门框与墙的结合位置,一般都做在开门方向的一边,与抹灰面齐平,这样门扇开启的角度较大。

2)木门扇

常用的木门扇有镶板门、夹板门和拼板门等类型。

(1)镶板门

镶板门的由骨架和门芯板组成。骨架一般由上冒头、中冒头、下冒头及边梃组成,有的中间还有中冒头或竖向中梃。门芯板可采用木板、胶合板、硬质纤维板及塑料板等,或采用玻璃,称为半玻璃(镶板)门或全玻璃(镶板)门。与镶板门类似的还有纱门、百叶门等,见图 8.19。木制门芯板常用 10 ～ 15 mm 厚的木板拼装成整块,镶入边梃和冒头中。

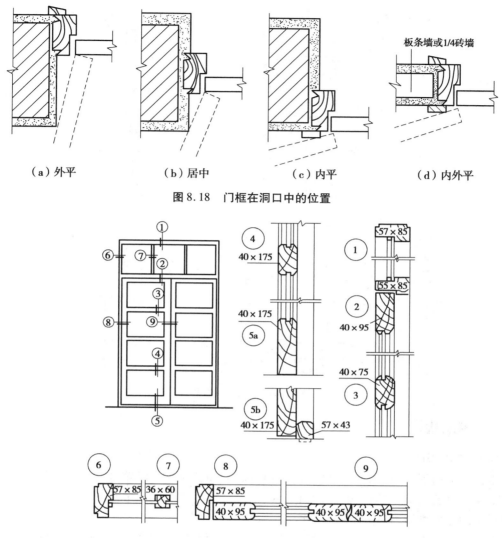

（a）外平　　　　　（b）居中　　　　　（c）内平　　　　　（d）内外平

图 8.18　门框在洞口中的位置

图 8.19　镶板门构造

镶板门门扇骨架的厚度一般为 40～45 mm。上冒头、中间冒头和边梃的宽度一般为 75～120 mm,下冒头的宽度习惯上同踢脚高度,一般为 200 mm 左右。中冒头为了便于开槽装锁,宽度应适当增加。

（2）夹板门

门扇由骨架和面板组成。

骨架有横向骨架、双向骨架、密肋骨架和蜂窝纸骨架,通常采用（32～35）mm×（34～36）mm 的木料制作,内部用木材做成格形纵横助条,一般为 300 mm 左右中距。骨架在上部设小通气孔,保持内部干燥,防止面板变形。

面板可用胶合板、硬质纤维板或塑料板等,用胶结材料双面胶结在骨架上。门的四周可用 15～20 mm 厚的木条镶边,使外形美观。根据需要,夹板门上也可以局部加玻璃或百叶,即在装玻璃或百叶处,做一个木框,用压条嵌固。图 8.20 是常见的夹板门构造示例。

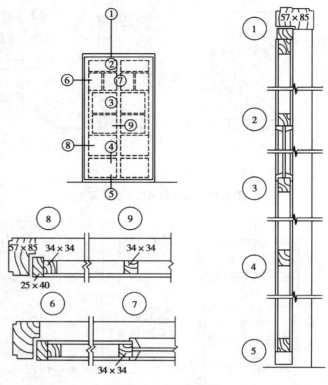

图 8.20 夹板门构造

8.3.2 窗的构造

（1）木窗的组成

木窗一般由窗框、窗扇和五金零件（铰链、风钩、插销、执手、滑轮等）组成，见图 8.12(b)。

木窗框是窗与墙体的连接部分，由上框、下框、边框、中横框和中竖框组成。与门框相似，在窗冒头两端做榫眼，在边梃上端开榫头。

窗扇一般由上冒头、下冒头、边梃和窗芯（又称窗棂）组成骨架，中间固定玻璃、窗纱或百叶，采用榫结合的方式，在窗梃上做榫眼，在上、下冒头的两端做榫头。常用的有木窗扇有玻璃扇和纱窗扇。窗扇一般厚度为 35～42 mm，纱窗扇的框料厚度相对小些，为 30 mm 左右。上冒头与边框的宽度为 50～60 mm，下冒头视情况可以加宽 10～30 mm。窗芯的宽度通常为 27～35 mm。

（2）窗框的构造

窗框断面尺寸应该考虑接榫牢固，一般单层窗的窗框断面长 40～60 mm，宽 70～95 mm。中横框上下均有裁口，断面高度应增加 10 mm，如果横框有披水，断面尺寸应增加 20 mm。中竖框左右带裁口，应比边框增加 10 mm 厚度。双层窗窗框的断面宽度应比单层窗宽 203～0 mm。

（3）窗在墙洞中的位置

窗在墙洞中的位置主要根据房间的使用要求和墙体的厚度来确定，一般有 3 种形式：窗框内平，见图 8.21(a)；窗框外平，见图 8.21(b)；窗框居中，见图 8.21(c)。一般采用与墙内平的形式，即安装时框应凸出 20 mm，墙面粉刷后与抹灰面相平。在窗框与抹灰面交接处，应采用贴脸搭盖,可以阻止风通过抹灰干缩后的缝隙进入室内,而且可以增加美观,其形状尺寸与门贴脸板相同。窗台板可以采用模板、预制水磨石或大理石板,有特殊要求的窗可以设筒子板和贴脸板。

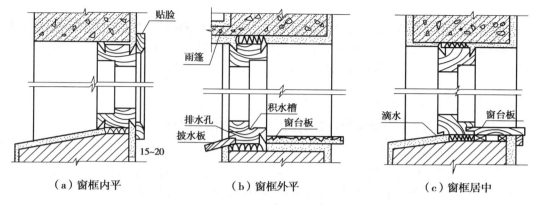

（a）窗框内平　　　　　（b）窗框外平　　　　　（c）窗框居中

图 8.21　窗在墙洞中的位置

（4）窗框安装

窗框安装与门框安装相同,有先立口和后塞口两种方法,见图 8.22。窗玻璃的选择应满足使用要求和美观需求。普通的平板玻璃应用最为广泛,其优点为制作简单、价格便宜、透光能力强。对于有特殊要求的,应选用不同的玻璃类型:选用双层玻璃,可以起到保温和隔声的作用;选用磨砂玻璃、压花玻璃,可以起到遮挡隐蔽的作用;选用夹丝玻璃、钢化玻璃,可以提高其安全性;选用有色、涂层、变色玻璃,可以起到防晒的作用。玻璃厚度的选择与窗扇分格的大小有关,单款面积较小的玻璃一般采用 2 ~ 3 mm 厚,面积较大时采用 5 ~ 6 mm 厚的玻璃。玻璃的安装一般采用油灰嵌固。

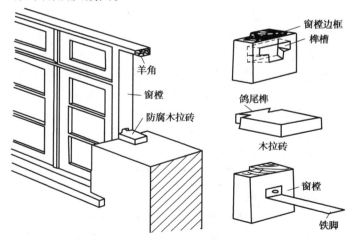

图 8.22　木窗框立樘安装工艺示意图

（5）窗框与窗扇的防水措施

在内开窗的下口和外开窗的中横框处是防水的薄弱环节,设置裁口条不能满足防水的要求,需要做披水条和滴水槽来防止雨水渗入。因此,在接近窗台的地方做集水槽和泄水孔,便于渗入的雨水及时排出窗外。

8.4 金属门窗

铝合金材料,以其用料省、质量轻、密闭性好、耐腐蚀、坚固耐用、色泽美观、维修费用低而在门窗制作中,得到广泛应用。目前在建筑节能门窗中,铝合金节能门窗的市场份额已经达到60%。此外,金属门窗还包括塑料门窗等。

8.4.1 铝合金门窗

框、梃、扇料等均为铝合金型材制作的门窗,称为铝合金门窗。

1)铝合金门窗的特性

①自重轻。铝合金门窗用料省、自重轻,每平方米质量平均只有钢门窗的50%左右。

②性能好。铝合金门窗密封性好,气密性、水密性、隔声性都优于木门。

③耐腐蚀、坚固耐用。铝合金门窗表面不需要维修,不需要使用涂料,氧化层不褪色、不脱落,强度高,刚性好,坚固耐用,开启闭合灵活,无噪声,施工快。

④色泽美观。铝合金门窗表面经过氧化着色处理,可以保护原有的银白色,也可以制成不同的颜色(古铜色、暗红色和黑色等),还可以在表面涂刷一层聚丙烯酸树脂保护装饰膜,使其表面光洁、色泽美观。

⑤节能达标。

隔热铝合金门窗一律采用Low-E双玻中空玻璃或三玻中空玻璃,中空玻璃间隔层厚度不小于12 mm,以保证隔热铝合金门窗达到节能指标要求。

2)铝合金门窗系列

铝合金门窗框料系列的名称是以铝合金门窗框的厚度构造尺寸来区别的,如:平开门门框厚度构造尺寸为50 mm宽,即称为50系列铝合金平开门;推拉窗窗框厚度构造尺寸90 mm宽,即称为90系列铝合金推拉窗等。目前铝合金门窗主要有两大类,一类是推拉门窗系列,另一类是平开门窗系列。推拉门窗可选用90系列铝合金型材,平开窗多采用38系列型材。铝合金门窗设计同窗采用定型产品,应根据不同的地区、不同的自然气候、不同的建筑物的使用要求,选用合适的门窗框系列。

（1）铝合金型材及附件

铝合金门窗常用型材截面尺寸系列见表8.2。

表8.2　铝合金型材常用截面尺寸系列

代　号	型材截面系列	代　号	型材截面系列
38 mm	38系列(框料截面宽度为38 mm)	70 mm	70系列(框料截面宽度为70 mm)
42 mm	42系列(框料截面宽度为42 mm)	80 mm	80系列(框料截面宽度为80 mm)
50 mm	50系列(框料截面宽度为50 mm)	90 mm	90系列(框料截面宽度为90 mm)
60 mm	60系列(框料截面宽度为60mm)	100 mm	100系列(框料截面宽度为100 mm)

（2）铝合金门窗尺寸与代号

门窗洞口尺寸是指洞口的标注尺寸,这个标注尺寸应为构造尺寸与缝隙尺寸之和。门窗洞口的标志尺寸应符合建筑设计模数。常用门窗代号见表8.3。

表8.3 常见铝合金门窗代号

类 别	代 号	类 别	代 号
平开铝合金门	PLM	固定铝合金窗	GLC
推拉铝合金门	TLM	平开铝合金窗	PLC
地弹簧铝合金门	DHLM	上旋铝合金窗	SLC
固定铝合金门	GLM	中悬铝合金窗	CLC
折叠铝合金门	ZLM	下悬铝合金窗	XLC
平开自动铝合金门	PDLM	保温平开铝合金窗	BPLC
推拉自动铝合金门	TDLM	立转铝合金窗	LLC
圆弧自动铝合金门	YDLM	推拉铝合金窗	TLC
卷帘铝合金门	JLM	固定铝合金天窗	GLTC
旋转铝合金门	XLM		

（3）铝合金门窗安装

铝合金门窗框与洞口的连接采用柔性连接。铝合金门窗安装应首先确定门窗框水平、垂直后，将门窗框用木楔定位，用连接件将铝合金框固定在墙（梁）上。连接件可采用焊接、预留洞连接、膨胀螺栓、射钉（图11.23）等方法固定，每边至少2个固定点，间距不大于500 mm，各转角与固定点的距离不大于200 mm。门窗框固定好后会与门框洞四周产生缝隙，一般采用软质保温材料（泡沫塑料条、泡沫聚氨酯条、矿棉毡条和玻璃丝毡条等）填塞，分层填实，外表留5~8 mm深的槽口用密封膏密封。

铝合金门窗装入洞口时应横平竖直，外框与洞口应采用弹性连接，不能将门、窗外框直接埋入墙体，以防止碱对门窗框产生腐蚀的影响。

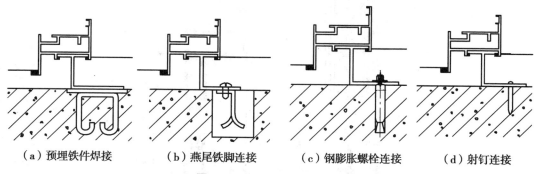

（a）预埋铁件焊接　　（b）燕尾铁脚连接　　（c）钢膨胀螺栓连接　　（d）射钉连接

图8.23 铝合金门窗框安装

（4）常用铝合金门窗构造

①平开窗：铝合金平开窗分为平开窗（也称合页平开窗）和滑轴平开窗。

平开窗的合页安装于窗的侧面，其中玻璃的镶嵌可以采用干式装配、湿式装配或缓和装配。混合装配又可分为外侧安装玻璃和内侧安装玻璃。四角连接为直插或45°斜接，其合叶必须用铝合金、不锈钢合叶，螺钉为不锈钢螺钉，也可以用上下转轴开启，构造做法见图8.24。铝合金平开门的开启均采用地弹簧装置，其构造做法见图8.25。

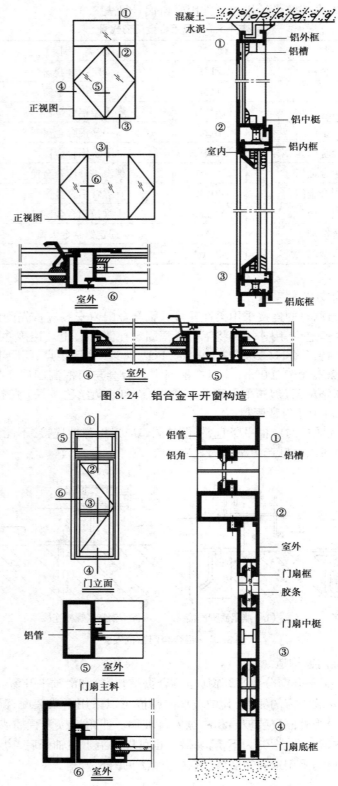

图 8.24　铝合金平开窗构造

图 8.25　铝合金平开门构造

滑轴平开窗是在窗上下装有滑轴,沿边框开启,仅开启撑档。

②推拉窗:分为沿水平方向左右推拉和沿垂直方向上下推拉两种形式。上框为槽型断面,下框为带有导轨的凸形断面,两侧竖框为另一种槽型断面,它们是由不同断面型材组合而成的。其构造做法见图8.26。

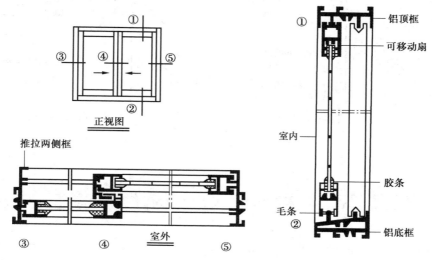

图8.26　铝合金推拉窗构造

8.4.2　彩板门窗

彩板门窗又称彩色涂层钢板门窗,是指以冷轧镀锌钢板为基板,涂敷耐候型、高抗蚀面层的彩色金属门窗,见图8.27。它的特点是质量轻、强度高,密闭性能好,保温性能好,耐候性能好,装饰效果多样,安装方便。彩板钢门窗的开启形式有平开、固定、中悬、推拉及组合门窗等。门窗用五金配件为硬质PVC塑料制品或不锈钢制品。

彩板门窗目前有两种类型,即带副框和不带副框的。

(1)带副框的门窗

当外墙面为花岗石、大理石等贴面材料时,常采用带副框的门窗,以增加框的厚度。安装时,先用自攻螺钉将连接件固定在副框上,并用密封胶将洞口与副框及副框与窗樘之间的缝隙进行密封,见图8.28(a)。

图8.27　彩板门窗

(2)不带副框的门窗

当外墙装修为普通粉刷时,常用不带副框的做法,即直接用膨胀螺钉将门窗樘子固定在墙上,使门窗与墙体直接连接,见图8.28(b)。

(3)彩板门窗型材成型

彩板门窗型材的成型绝大多数采用辊式冷弯成型,这是因为这种工艺的生产效率高、成型精度高、大批量生产的成本低。

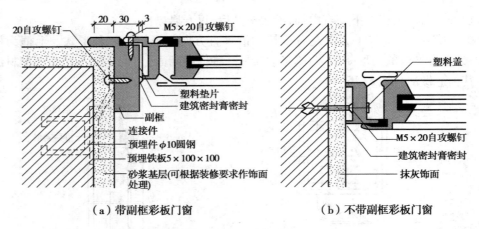

（a）带副框彩板门窗　　　　　　　　（b）不带副框彩板门窗

图 8.28　彩板门窗

8.5　塑料门窗

塑料门窗是由挤出的硬质 PVC 异型材，经下料、焊接、修饰整理、安装配件而成，见图 8.29。它较木窗和钢窗耐腐蚀，不需油漆维护保养；较铝合金和钢窗的隔热性、隔声性、密封性能好；外观绚丽多彩，可与各类建筑物相协调；而且使用塑料门窗能节约能源。

8.5.1　塑料门窗的性能特点

塑料门窗具有以下性能特点：

①抗风压强度佳。

②耐候性能佳。

③使用寿命长。

④保温隔热性能佳。

⑤气密性佳。

⑥水密性佳。塑料门窗框材质吸水率小，框扇缝隙处均装有弹性密封条或阻风板，防空气渗透和雨水渗漏性能佳。PVC 塑料异型材为多腔室结构，设有独立的排水腔，并于窗框、扇适当位置开设排水槽孔，能将雨水和冷凝水有效地排出室外。

⑦隔音性佳。塑料窗的隔音效果可达 33 ~ 34 dB，如果采用双层玻璃或中空玻璃结构，其隔音效果和保温效果更理想，见图 8.30。

⑧耐腐蚀性。硬质 PVC 材料有极好的化学稳定性和耐腐蚀性，不受酸、碱、盐雾、废气和雨水的侵蚀，如果选防腐不锈钢材料的五金件，其使用寿命更是钢窗的 10 倍左右。

⑨防火性好。硬质聚氯乙烯塑料属难燃材料，自燃温度为 450 ℃，因此它具有不易燃、不自燃、不助燃、燃烧后离火能自熄的性能，防火安全性比木门窗高。

⑩电绝缘性高。塑料门窗不导电，使用安全性高。

⑪外观精致。

⑫综合性能好。PVC 塑料门窗兼具各种材质门窗之优点，能满足建筑使用要求，而且在

节约能源、保护环境、改善居住热舒适条件等方面,都是较为理想的可靠的建筑门窗。

8.5.2 塑料门窗型材(图8.31)

(1)型材的腔体结构

型材腔体型材有两腔、三腔或多腔结构(图8.32),腔体越多,型材的保温、隔音的效果越好。

图8.29 成品塑料门窗　　　图8.30 保温隔音塑料门窗　　　图8.31 塑料门窗型材

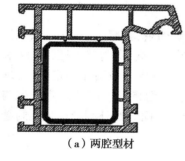 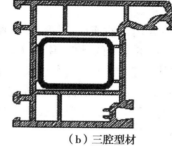 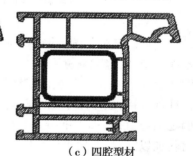

(a)两腔型材　　　　　　　(b)三腔型材　　　　　　　(c)四腔型材

图8.32 塑料或塑钢型材的腔体结构

(2)型材壁厚

壁厚一般在2.5 mm左右,锤击不易破裂,组装的门窗横平竖直不宜变形,密封效果好。

(3)型材系列

型材根据宽度不同分为50系列、60系列、70系列等,见图8.33。

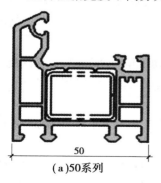 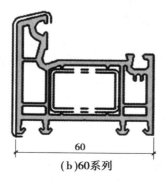 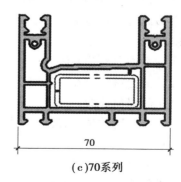

(a)50系列　　　　　　　　(b)60系列　　　　　　　　(c)70系列

图8.33 塑料门框

8.5.3 塑钢门窗

型材内部添加了钢材衬里的塑料门窗被称为塑钢门窗,其特点是在塑料型材型腔内加入增强型钢,使型材的强度得到很大提高,从而具有抗震、耐风蚀的效果。另外,型材的多腔结构和独立排水腔可使水无法进入增强型钢腔,从而避免型钢腐蚀,使门窗的使用寿命得到提高,因此被广泛应用于风大、雨大、潮湿的地区。

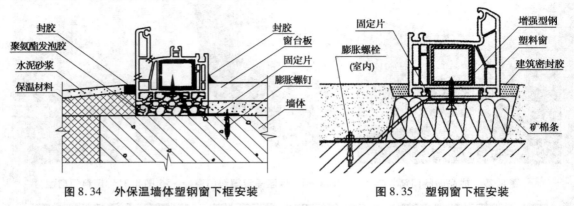

图 8.34　外保温墙体塑钢窗下框安装　　　　图 8.35　塑钢窗下框安装

(1)安装

塑钢门窗框与洞口墙体之间应采用柔性连接,其间隙可用矿棉条、玻璃棉毡条分层、发泡聚氨酯填塞,缝隙两侧采用木方留 5~8 mm 的槽口,用防水密封材料嵌填、封严,见图 8.34 和图 8.35。在门窗的外侧由锚铁与其固定,锚铁的两翼安装是用射钉将其与墙体固定,或与墙体埋件焊接,也可用木螺钉直接穿过门窗框异型材与木砖连接,从而将框与墙体固定。框与墙之间应留有一定的间隙,作为适应 PVC 伸缩变形的安全余量。在间隙的外侧应用弹性封缝材料加以密封,然后再进行墙面抹灰封缝。

(2)玻璃

玻璃形式有单片玻璃和中空玻璃两种。根据玻璃的密封系统形式,可分为冷边密封系统和暖边密封系统。

①中空玻璃:是由两片或多片玻璃用有效的支撑均匀隔开并使其周边黏结密封,使玻璃间形成干燥气体空间层的制品。中空玻璃能控制通过玻璃传送的热量,提高窗户的隔热性能,减少玻璃室内侧内表面的结露,降低窗户的冷辐射,减少噪声及提高窗户的安全性能。中空玻璃分为双玻中空玻璃和三玻两空玻璃,由玻璃、中间间隔气体和边部密封系统构成,见图8.25。

在中空玻璃间隔层内充入一定比例的氩气,可以提高中空玻璃的隔热性能和隔音性能。在普通白玻中空充入氩气,可以提高 5% 的隔热性能;Low-E(低辐射)中空可以提高 15% ~25% 的隔热性能。

②玻璃的选择:玻璃要选择浮法玻璃,中空玻璃单块面积大于 1.5 m^2 的,需要做成安全玻璃。

我国制定了到 2020 年全社会建筑的总能耗能够达到节能 65% 的总目标,这对门窗保温的性能也提出了更高的要求,目前只有三玻二空中空玻璃和 Low-E 中空玻璃能够满足门窗节能需要。

安装玻璃时应注意,玻璃不得直接放置在 PVC 异型材的玻璃槽上,而应在玻璃四边垫上不同厚度的玻璃垫块,玻璃就位后用玻璃压条将其固定。

8.6　其他门窗

8.6.1　保温门窗

寒冷地区及冷库建筑,为了减少热损失,应做保温门窗。保温门窗设计的要点在于提高门窗的热阻,减少冷空气渗透量。因此,室外温度低于零下 20 ℃ 或建筑标准要求较高时,保温窗可采用双层窗和中空玻璃保温窗;保温门采用拼板门,双层门芯板,门芯板间填以保温材料(如毛毡、玻璃纤维、矿棉等)。

8.6.2　隔声门窗

对录音室、电话会议室、播音室等有特殊要求的房间,应采用隔声门窗。为了提高门窗隔声能力,除铲口及缝隙需特别处理外,可适当增加隔声的构造层次;避免刚性连接,以防止连接处固体传声,见图 8.36(a);当采用双层玻璃时,应选用不同厚度的玻璃,见图 8.36(b)。

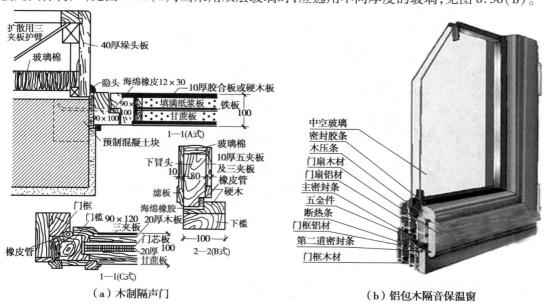

（a）木制隔声门　　　　　　　　（b）铝包木隔音保温窗

图 8.36　隔声门窗构造

8.6.3　防火门窗

依据相关国家标准规定,防火门可分为甲、乙、丙三级,其耐火极限分别为 1.2 h、0.9 h 和 0.6 h。

当建筑物设置防火墙或防火门窗有困难时,可采用防火卷帘代替防火门,但必须用水幕保护,其构造见图 8.37。防火卷帘门有手动和电动两种类型,帘板采用重型钢卷帘,具有防火、隔烟、阻止火势蔓延的作用,又有良好的抗风压和气密性能。防火门可用难燃烧体材料(如木板外包铁皮或钢板)制作,也可用木或金属骨架内填矿棉制作,还可用薄壁型钢骨架外包铁皮制作。

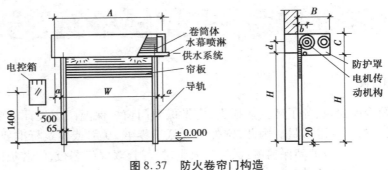

图 8.37　防火卷帘门构造

8.6.4　木塑复合门窗

　　木塑复合材料是用聚氯乙烯塑料原料和木粉、钙粉,以及其他助剂按原料配方混合而成的。它能替代木材,可钉、可锯、防水、不变形,具有零甲醛释放、免漆、阻燃、防蛀、不变形、防霉变、无结疤、无色差、不开裂、易加工等优点,因此使用广泛。图 8.38(a)和(b)是采用仿真木纹印刷技术在木塑基材上印刷名贵树种的木纹,色彩逼真、美观大方。木塑复合门板是通过机械模具挤出成型的型材,再组装成门窗,见图 8.38。其安装方法同木门窗。

(a)木塑门窗型材　　　　　　　　(b)木塑门窗效果

图 8.38　木塑复合门

8.7　门窗节能设计

　　门窗的能耗占建筑能耗的 49% 左右,是建筑物保温最薄弱的部位,因此,提高门窗的保温性能是降低建筑物能耗的主要途径。衡量建筑门窗是否节能应该主要考虑 3 个要素,即热量的流失(热量的交换)、热量的对流及热量的传导和辐射。

8.7.1　型材的设计与选择

　　型材及玻璃的热传导系数不同决定了门窗的能耗。选择一种材料时,对型材截面的设计又非常重要。多腔体型材使用隔绝冷桥的方式,阻止了型材的快速热传导,从而实现节能。

8.7.2 玻璃的选择

为保证建筑门窗的节能,还需根据具体需求,选择相应的传热系数和隔热系数的玻璃。节能玻璃的类型主要有中空玻璃、真空玻璃、吸热和热反射玻璃,以及泡沫玻璃和太阳能玻璃。

（1）中空玻璃

中空玻璃有单层和双层之分,应根据不同要求选用各种不同性能的玻璃原片,如透明浮法玻璃、压花玻璃、彩色玻璃、防阳光玻璃、镜面反射玻璃、加丝玻璃、钢化玻璃等。中空玻璃与边框（铝框架或玻璃条等）经胶接铝条、焊接或熔接而制成,其构造见图8.39。

（2）真空玻璃

真空玻璃采用两片平板玻璃,用低熔点玻璃将四周密封起来。其中一片玻璃上有一个排气管,与该玻璃用低熔点玻璃密封,两片玻璃间间隙为 $0.1 \sim 0.2$ mm。为使玻璃在真空状态下承受大气压的作用,两片玻璃间放有微小支撑物,支撑物用金属或非金属材料制成,均匀分布。由于支撑物非常小,所以不会影响玻璃的透光性,见图8.40。

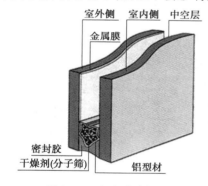

图 8.39 中空玻璃构造

图 8.40 真空玻璃

（3）吸热和热反射玻璃

吸热玻璃是一种能吸收大量红外线辐射同时保持良好可见透光率的平板玻璃,它对红外线的透射率很低,能减少阳光进入室内的热量,在夏季有利于降低室内温度,降低空调能耗和费用。由于配料加入的色料不同,产品有各种颜色,如蓝色、天蓝色、茶色、灰色、蓝灰色、金黄色、绿色、蓝绿色、黄绿色、深黄色、古铜色、青铜色等。

热反射玻璃是一种具有遮阳、隔热、防眩光、装饰等效果的新型节能采光材料。热反射玻璃的主要性能是玻璃经镀（涂）膜后,使透过的光线色调改变、光的透过率降低、反射率提高,对太阳辐射的屏蔽率能达到 $40\% \sim 80\%$。

8.7.3 五金配件

节能门窗应选择锁闭良好的多点锁系统,以保证门在受风压的作用下,扇、框变形同步,从而有效保证密封材料的合理配合,使密封胶条能随时保持在受压力的状态下有良好的密封性能。

复习思考题

1.门和窗在建筑中的作用是什么?

2.门和窗各有哪几种开启方式? 各适用于什么情况?

3.木门窗框的安装有哪两种方式? 各有什么特点?

4.简述铝合金门窗的安装及玻璃的固定方法。

5.铝合金门窗框与墙体之间的缝隙如何处理?

6.门窗节能的途径有哪些?

9

特殊构造

[本章导读]

本章较为系统地介绍建筑变形缝的构造、设备管线与建筑的关系、建筑节能构造、建筑特殊部位防水防潮构造,围护结构的隔声处理,以及电磁屏蔽等特殊构造。其中的构造原理,可以推广至其他部位。通过本章学习,应熟悉变形缝的作用、构造原理和构造方法,熟悉设备管道穿越基础、墙体、楼板和屋面的构造措施,了解建筑的电磁屏蔽原理和构造措施,了解隔声原理和相关构造;应了解阳台的形式和结构类型,熟悉阳台的用途,熟悉阳台的组成和细部构造,了解雨篷的类型和结构,熟悉雨篷的细部构造;熟悉阳台和雨篷的排水方式和相关构造。

9.1 建筑的变形缝体系

9.1.1 变形缝的作用和分类

建筑及其构件会受温度变化、地基不均匀沉降和地震等因素的影响,使结构内部产生应力和变形,导致自身损坏。应将存在这种隐患的建筑物,用专设的缝分成几个单独的部分,使其能够各自独立地位移或变形而不相互干扰,这种缝称为变形缝。建筑的变形缝包括温度伸缩缝、沉降缝和抗震缝。

9.1.2 变形缝的设置

1)伸缩缝

为避免建筑物因受温度影响而热胀冷缩,导致自身损坏,当其过长、平面变化较多或结构类型变化较大时,应沿其长度方向每隔一定距离或在结构变化较大处,从基础顶以上至屋顶预留出一个缝隙,称为伸缩缝。而建筑的基础因深置于地下,受温度影响较小,一般不设。

(1)伸缩缝的最大间距

伸缩缝的最大间距,视建筑的结构不同而定,见表9.1和表9.2。

表9.1　砌体房屋伸缩缝的最大距离

屋盖和楼盖类别		间距/m
整配式或装配整体式钢筋混凝土结构	有保温层或隔热层的屋盖、楼盖	50
	无保温层或隔热层的屋盖、楼盖	40
整配式无檩体系钢筋混凝土结构	有保温层或隔热层的屋盖、楼盖	60
	无保温层或隔热层的屋盖、楼盖	50
整配式有檩体系钢筋混凝土结构	有保温层或隔热层的屋盖、楼盖	75
	无保温层或隔热层的屋盖、楼盖	60
瓦材屋盖、木屋盖或楼盖、轻钢屋盖		100

注:摘自《砌体结构设计规范》(GB 50003—2001)。

表9.2　钢筋混凝土结构伸缩缝的最大距离

结　构	类　别	室内或土中/m	露天/m
排架结构	装配式	100	70
框架结构	装配式	75	50
	现浇式	55	35
剪力墙结构	装配式	65	40
	现浇式	45	30
挡土墙及地下室墙壁等类结构	装配式	40	30
	现浇式	30	20

注:摘自《混凝土结构设计规范》(GB 50010—2010)。

(2)伸缩缝设置方案

①砖混结构:砖混结构的墙和楼板及屋顶结构布置可采用单墙承重或双墙承重方案,详见图9.1(a)。

②框架结构:框架结构的伸缩缝结构一般采用悬臂梁方案(图9.1(b))和双梁双柱方式(图9.1(c)),但施工较复杂。

③伸缩缝的密度,一般为20~30 mm。

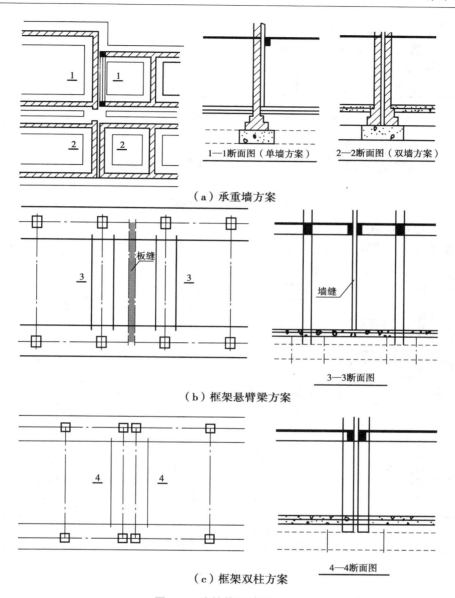

1—1断面图（单墙方案）　　　2—2断面图（双墙方案）

（a）承重墙方案

板缝

墙缝

3—3断面图

（b）框架悬臂梁方案

4—4断面图

（c）框架双柱方案

图9.1　建筑伸缩缝的设置

2）沉降缝

沉降缝是为预防建筑各部分因不均匀沉降引起自身破坏而设置的。

（1）沉降缝设置部位

根据《建筑地基基础设计规范》（GB 50007—2011）规定，建筑物的下列部位，宜设置沉降缝：

①建筑平面的转折部位，见图9.2（b）。

②高度差异或荷载差异处，见图9.2（a）。

③长高比过大的砌体承重结构或钢筋混凝土框架结构的适当部位。

④地基土的压缩性有显著差异处。

⑤建筑结构或基础类型不同处。

⑥分期建造房屋的交界处,见图9.2(c)。

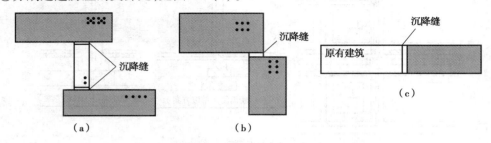

图9.2 沉降缝设置部位

(2)沉降缝设置措施

设置沉降缝时,建筑从基础到屋面在垂直方向全部断开,使缝两侧成为可以垂直自由沉降的独立单元。其常用设置方案见图9.3。

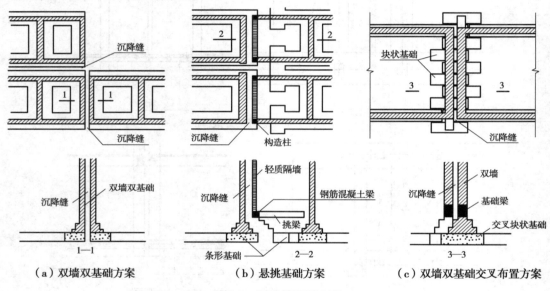

图9.3 沉降缝设置方案

(3)沉降缝设置宽度

沉降缝设置宽度,见表9.3。

表9.3 房屋沉降缝的宽度

房屋层数	沉降缝宽度/mm
二~三	50~80
四~五	80~120
五层以上	不小于120

注:摘自《建筑地基基础设计规范》(GB 50007—2011)。

3)防震缝设置及宽度要求

在地震烈度6°及其以上抗震设防地区,建筑应在必要的部位设置防震缝。从基础以上到屋顶的缝两侧,应布置双墙或双柱,使造型复杂的建筑分为形体简单、结构刚度均匀的几个独立部分。一般情况下,基础可以不分开,但当建筑物平面复杂时例外。

在抗震设防地区,建筑的伸缩缝和沉降缝均应做成防震缝。

(1)钢筋混凝土结构建筑

防震缝设置的位置和数量,应根据设计条件、结构类型和结构计算结果来设置,其宽度见表9.4。

表9.4 多层和高层钢筋混凝土房屋防震缝宽度

序号	房屋结构类型	建筑物高度/m	缝宽/mm
1	框架结构	≤15	≥100 mm
2		>15	6、7、8、9度设防,高度每增加5 m、4 m、3 m、2 m,缝宽分别增加20 mm
3	框架+抗震墙结构	≤15	≥100 mm
4		>15	≥序号2的70%,且≥100 mm
5	抗震墙结构	≤15	≥100 mm
6		>15	≥序号2的50%,且≥100 mm

注:摘自《建筑抗震设计规范》(GB 50011—2010)。

(2)多层砌体房屋和底部框架砌体房屋

多层砌体房屋和底部框架砌体房屋,有下列情况之一时宜设置防震缝,缝两侧均应设置墙体,缝宽应根据烈度和房屋高度确定,可采用70~100 mm。

①房屋立面高差在6 m以上。

②房屋有错层,且楼板高差大于层高的1/4。

③各部分结构刚度、质量截然不同。

(3)钢结构房屋

需要设置防震缝时,其宽度不应小于钢筋混凝土结构的1.5倍。

9.1.3 变形缝构造做法

变形缝的构造做法,有传统的现场制作方法,例如采用弹性材料填充和封缝;还有采用成品的封缝构件现场安装的方法,后者工效和质量更高。

1)地面垫层

室外地面采用混凝土垫层时,应设置伸缝,其间距一般为30 m,宽度为20~30 mm,上下贯通。缝内填嵌沥青类材料,伸缝构造见图9.4(a)。当沿缝两侧垫层板边加肋时,应做成加肋板伸缝,伸缝构造见图9.4(b)。变形缝内清理干净后,一般填以柔性密封材料,可先用沥青麻丝填实,再以沥青胶结料或泡沫塑料填嵌,见图9.4(c),后用钢板、硬聚氯乙烯塑料板、铝合金板等封盖,并应与面层齐平。

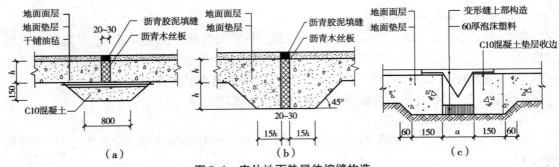

图9.4　室外地面垫层伸缩缝构造

2)室内底层地面垫层的变形缝

室内底层地面垫层的变形缝,应按伸缝、缩缝与沉降缝分别设置。根据《建筑地面工程施工质量验收规范》(GB 50209—2010)的规定,"室内地面的水泥混凝土垫层和陶粒混凝土垫层,应设置纵向缩缝和横向缩缝;纵向、横向缩缝均不得大于6 m",其具体要求有:

①伸缩缝的构造宜采用平头缝,见图9.5(a);当混凝土垫层板边加肋时,应采用加肋板平头缝,见图9.5(b);当混凝土垫层厚度大于150 mm时,可采用企口缝,见图9.5(c)。

②横向缩缝的构造应采用假缝,见图9.5(d)。施工在浇筑混凝土时,将预制的木条埋设在混凝土中,并在混凝土终凝前取出;也可在混凝土强度达到要求后用切割机割缝。假缝的宽度宜为5~20 mm,缝的深度宜为混凝土垫层厚度的1/3,缝内填水泥砂浆材料。

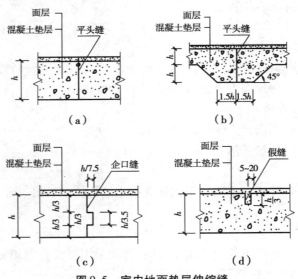

图9.5　室内地面垫层伸缩缝

3)楼地面变形缝

楼地面变形缝,其设置的位置和大小应与墙面、屋面变形缝一致,构造上要求从基层到饰面层脱开。可用传统做法,例如用沥青麻丝、嵌缝油膏等弹性材料填充(图9.6(a)和(c)),上铺活动盖板、金属薄片或橡皮条等(图9.6(b)),金属调节片要做防锈处理,盖缝板形式和色彩应和室内装修协调;或采用成品封缝构件现场安装的方法,特别是在楼层,见图9.7。楼地面与墙面相交阴角处的变形缝,原理一样,见图9.7(d)、(e)和(f)。

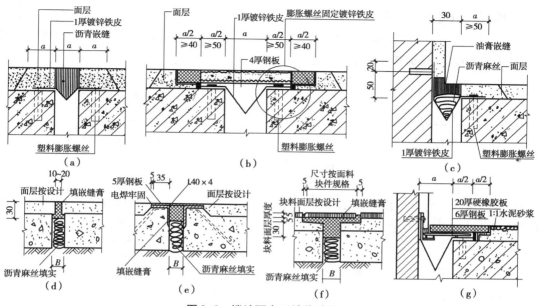

图9.6 楼地面变形缝传统做法

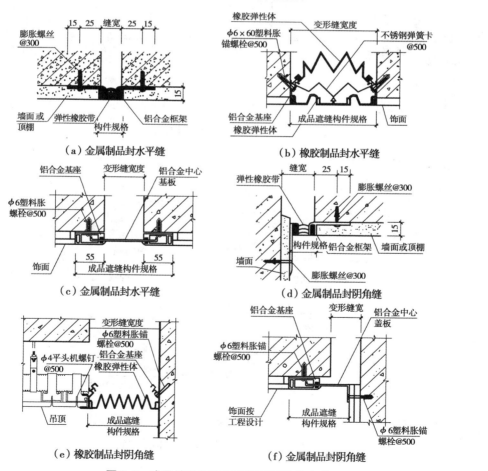

图9.7 成品楼层板底变形缝封缝构件安装

4）墙（柱）处变形缝构造

墙体伸缩缝一般做成平缝、错口缝和凹凸缝等截面形式，见图9.8。外墙主要考虑防风雨侵入并注意美观，内墙以美观和防火为主。

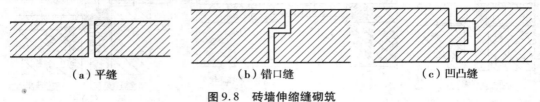

（a）平缝　　　　　　　　（b）错口缝　　　　　　　　（c）凹凸缝

图9.8　砖墙伸缩缝砌筑

（1）外墙（柱）变形缝构造

变形缝外墙一侧可用传统做法，以沥青麻丝、泡沫、塑料条等有弹性的防水材料填缝。当缝较宽时，缝口可用镀锌铁皮、彩色薄钢板等材料做盖缝处理，见图9.9；或采用成品构件封缝，见图9.10。

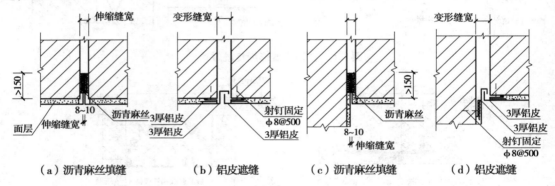

（a）沥青麻丝填缝　　　（b）铝皮遮缝　　　（c）沥青麻丝填缝　　　（d）铝皮遮缝

图9.9　外墙变形缝传统做法

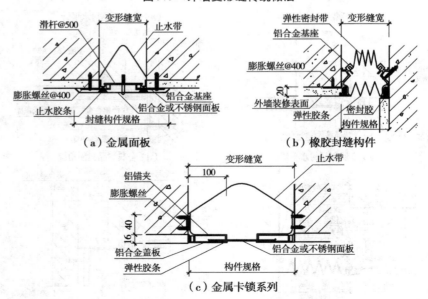

（a）金属面板　　　　　　　　　　　　（b）橡胶封缝构件

（c）金属卡锁系列

图9.10　成品外墙变形缝封缝构件安装

（2）内墙（柱）处变形缝构造

内墙面变形缝的处理,同楼地面一样,可采用传统做法（图9.11）或成品构件封缝（图9.12）。内墙伸缩缝的处理,随室内装修不同而异,可选用木条、木板、塑料板、金属板等盖缝。可能影响防火分区设置的部位,需设置符合要求的阻火带（图9.12）。

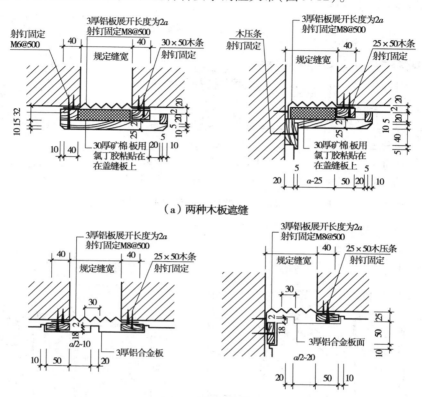

（a）两种木板遮缝

（b）两种铝板遮缝

图9.11　内墙变形缝传统做法

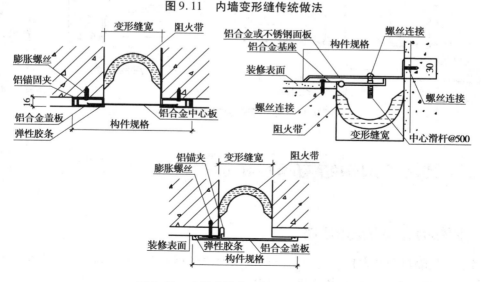

图9.12　成品内墙变形缝封缝构件安装

5）屋面变形缝

屋面变形缝的位置与楼层一致,需在缝两边做泛水并盖缝。可上人屋面,用防水油膏嵌缝并做好泛水处理。变形缝有传统的现场制作和成品封缝构件现场安装两种。

①传统做法,见图9.13。

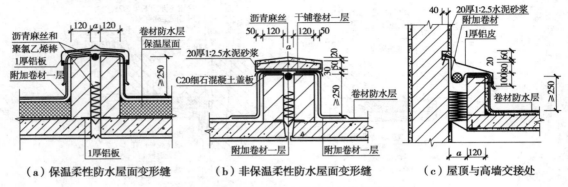

（a）保温柔性防水屋面变形缝　　　（b）非保温柔性防水屋面变形缝　　　（c）屋顶与高墙交接处

图9.13　卷材或薄膜防水屋面变形缝传统做法

②成品屋面封缝构件安装,见图9.14。

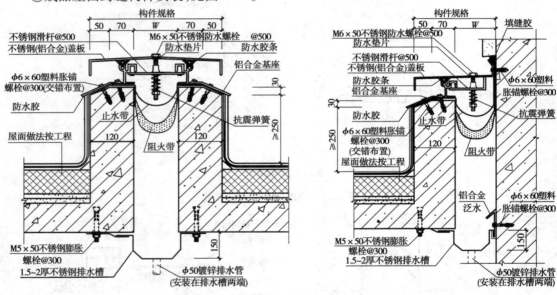

图9.14　屋面变形缝封缝构件安装

9.2　建筑外围护结构隔热构造

9.2.1　隔热的有效方法及原理

建筑保温、隔热的基本目标是为了保证室内的热环境质量,同时满足建筑节能。建筑隔热主要是南方地区在夏季阻止热量进入室内。

（1）热传递的基本方式

①热传导：固体内部高温处的分子向低温处的分子连续不断地传送热能。

②热对流：流体（如空气或液体）中温度不同的各部分相对运动而传递热量。

③热辐射：温度较高物质以辐射波方式传递热能，如阳光。

如图9.15所示，建筑外围护结构的传热为：某个表面通过辐射传热及环境的对流导热获得热量，然后在围护结构内部由高温向低温的一侧传递，另一个表面将向周围温度较低的空间散发热量，例如屋面传热。

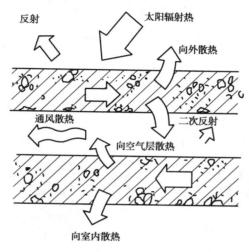

图9.15 通风隔热原理示意图

（2）减少热量通过外围护结构传递的途径

①减少外围护结构的表面积。

②选用导热系数较小的材料（孔隙多、密度小的轻质材料）来做外围护构件。

③最为有效的隔热方法是在外围护结构表面带走一部分热量，以降低室内的温度。例如采用架空板隔热屋面，"平改坡"架空隔热屋面、蓄水屋面和种植屋面等。外墙也是隔热的重点，其中常用的做法如镀膜玻璃、干挂石材形成通风墙面等。

9.2.2 屋面隔热

南方地区的建筑屋面最好通过构造措施来降温和隔热，其基本原理是减少作用于屋顶表面的太阳辐射热。可选的构造做法有屋顶间层通风隔热、屋顶蓄水隔热、屋顶植被隔热和屋顶反射阳光隔热。其他如平屋顶改坡屋顶、采用镀膜玻璃和铝箔防水的隔热屋面等，也有较好的效果。

屋顶通风隔热常用两种方式：在屋面上做架空通风隔热层；或利用吊顶、顶棚做通风间层。

（1）架空通风隔热层

在屋顶设置架空通风间层，使其上层表面遮挡阳光辐射，同时利用风压和热压作用把间层中的热空气带走，使通过屋面板传入室内的热量大为减少，从而降低室温，见图9.16。

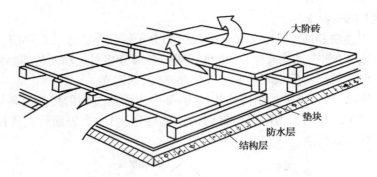

图 9.16　架空通风隔热原理示意图

（2）阁楼或顶棚通风隔热

利用阁楼或顶棚与屋面间的空间设置通风隔热层，可起到架空通风层同样的作用。这种方法应设置足够的通风孔，使顶棚内的空气能迅速流通，见图 9.17。平屋顶的通风孔设在外墙上；坡屋顶的通风孔常设在挑檐顶棚处、檐口外墙处和山墙上部，见图 9.18。顶棚通风层应有足够的高度，仅作通风隔热用的空间净高一般为 500 mm 左右。

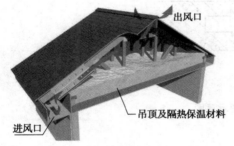

图 9.17　利用阁楼做通风隔热层

图 9.18　利用吊顶空间做通风隔热层

（3）蓄水隔热

蓄水隔热屋面是利用水的蒸发将热量带走，起到屋面隔热的作用。水还能使混凝土池壁长期处于养护状态以延长使用年限。但蓄水屋面不宜用于寒冷地区、地震地区和振动较大的建筑物。

9.2.3　内外墙隔热

影响外墙外保温隔热性能的因素主要有：建筑物的体形系数、窗墙面积比、屋面和外墙的传热系数。设计应注意采取以下措施：

①尽量减少建筑物的体形系数。体形系数是指建筑物接触室外大气的外表面积与其包围的体积之比，体形系数越大，则耗能越高。

②选择适当的窗墙面积比，采用传热系数小的窗户，如中空玻璃塑料窗、断热桥的铝合金中空窗，解决好东西向外窗的遮阳问题等。节能建筑不宜设置凸窗和转角窗。

③尽量减小屋面和外墙的传热系数。目前大多数建筑都要采取外墙外保温措施才能达到节能标准。

④采用浅色饰面层材料反射阳光，也可增强外墙和屋面夏季隔热能力。比如采用铝箔材料用于屋面以防热辐射，采用隔热漆饰面等。隔热漆以特性原理分类主要分为两种：一种是

隔绝传导型,热传导率极低,使热能传导几乎隔绝,将温差环境隔离;另一种是反射热光型,对红外线和热性可见光(太阳光线产生热量的主要部分)能有效反射,使材料表面水隔热漆、防晒隔热漆等。

⑤热桥阻断技术。热桥是热量传递的捷径,会造成大量热能传递。在设计施工时,应当对门窗洞、阳台板、圈梁及构造柱等部位(图9.19)采取构造措施,将其热桥阻断,达到较好的节能效果。

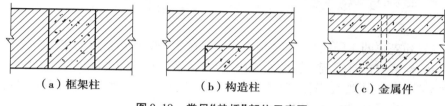

|（a）框架柱|（b）构造柱|（c）金属件|

图9.19 常见"热桥"部位示意图

9.2.4 门窗隔热

门窗隔热主要采取以下措施:

（1）选择适宜的窗墙比

建筑外窗传热系数通常比墙体大很多(表9.5),因此建筑物的冷、热耗量与其面积比成正比。如果要节能,窗墙比越小越好,但太小会影响采光、通风和太阳能的利用。设计应根据建筑所处的地区、建筑的类型、使用功能和门窗方位等来选择适宜的窗墙比,使其既能满足建筑造型的需要,又能节省能源。

表9.5 建筑外门窗的传热系数和遮阳系数

类型		建筑户门外窗及阳台门名称及类型	传热系数	遮阳（遮蔽）系数
门		多功能户门(具有保温、隔声和防盗功能)	1.5	
		夹板门或蜂窝板门	2.5	
		双层玻璃门	2.5	
窗	铝合金	普通单层玻璃窗	6~6.5	0.8~0.9
		单框普通中空玻璃窗	3.6~4.2	0.75~0.85
		单框低辐射中空玻璃窗	2.7~3.4	0.4~0.44
		双层普通玻璃窗	3.0	0.75~0.85
	断热铝合金	单框普通中空玻璃窗	3.3~3.5	0.75~0.85
		单框低辐射中空玻璃窗	2.3~3.0	0.4~0.55
	塑料	普通单层玻璃窗	4.5~4.9	0.8~0.9
		单框普通中空玻璃窗	2.7~3.0	0.75~0.85
		单框低辐射中空玻璃窗	2.0~2.4	0.4~0.55
		双层普通玻璃窗	2.3	0.75~0.85

（2）加强门窗的隔热性能

提高门窗的隔热性能主要有4个途径：采用合理的建筑外遮阳,设计挑檐、遮阳板、活动遮阳等;选择遮蔽系数合适的玻璃;采用对太阳红外线反射能力强的热反射材料贴膜;提高门窗的气密性。

9.3 建筑保温

建筑保温和隔热的不同之处,主要是北方地区在冬季防止热量传出室外。

在寒冷的地区或装有空调设备的建筑中,热量会通过建筑的外围护结构（外墙、门、窗、屋顶等）向外传递,使室内温度降低,造成热的损失。因此,外围护结构所采用的建筑材料必须具有保温性能,以保持室内适宜的环境,减少能量消耗。

9.3.1 建筑保温对材料的要求

建筑常用保温材料有以下几种：

①板材:憎水性水泥膨胀珍珠岩保温板、发泡聚苯乙烯保温板、挤塑型（或称挤压型）聚苯乙烯保温板、硬质和半硬质的玻璃棉或岩棉保温板等。

②块材:水泥聚苯空心砌块等。

③卷材:玻璃棉毡和岩棉毡等。

④散料:膨胀蛭石、膨胀珍珠岩、发泡聚苯乙烯颗粒等。

9.3.2 建筑保温细部构造

（1）屋顶的保温

屋顶保温层的位置如下：

①保温层设在结构层与防水层之间。这是较常用的一种做法,构造简单。为防止结露影响保温层,应当在保温层下设置隔汽层。

②保温层设置在防水层上面,即所谓"倒置式保温屋面",其构造层次为保温层、防水层、结构层。这种屋面使用憎水材料作为保温层（如聚苯乙烯泡沫塑料板或聚氨脂泡沫塑料板）,并在保温层上加设钢筋混凝土、卵石、砖等较重的覆盖层。

③保温层与结构层结合。主要有两种做法:一种是在钢筋混凝土槽形板内设置保温层;另一种是将保温材料与结构融为一体,如配筋加气混凝土板。这些做法使屋面板同时具备结构层和保温层的双重功能,工序简化,还可降低建造成本。

④坡屋顶的保温层的做法与平屋顶相似,保温层既可以设在屋顶结构层以上,也可以设在其下。

（2）建筑外墙保温

保温层设置有外保温、内保温和墙中间设置保温层的方案,见图9.20。其各自特点分别如下：

①外墙内保温:是将保温材料置于外墙体的内侧。优点是做法简单、造价较低,但是在热桥的处理上容易出现局部结露和较多能耗,近年来在我国的应用减少,但在我国的夏热冬冷

和夏热冬暖地区,以及旧房改造中,还是有很大的应用潜力,见图9.21。

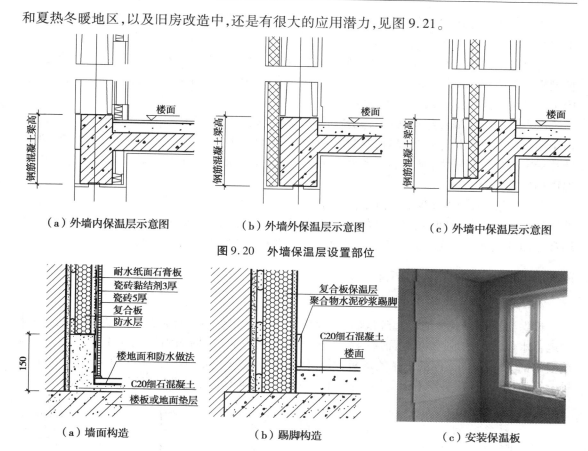

（a）外墙内保温层示意图　　（b）外墙外保温层示意图　　（c）外墙中保温层示意图

图9.20　外墙保温层设置部位

（a）墙面构造　　　　　（b）踢脚构造　　　　　（c）安装保温板

图9.21　外墙内保温

②外墙外保温:是将保温材料置于外墙体的外侧,优点是基本上可以消除建筑物各个部位的热桥和冷桥效应,还可在一定程度上阻止风霜雨雪等的侵袭和温度变化的影响,保护墙体和结构构件。它是目前采用最多的方法,而且既适用于北方需冬季采暖的建筑,也适用于南方需夏季隔热的空调建筑,见图9.20(b)和图9.22。

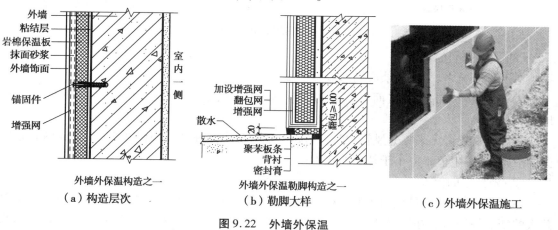

（a）构造层次　　　　　（b）勒脚大样　　　　　（c）外墙外保温施工

图9.22　外墙外保温

③外墙中保温层:是将保温材料置于外墙的内、外侧墙片之间,内、外侧墙片可采用混凝土空心砌块。

优点是对内侧墙片和保温材料形成有效的保护,对保温材料的选材要求不高,聚苯乙烯、玻璃棉及脲醛现场浇注材料等均可使用;对施工季节和施工条件的要求也不高,可以在冬期施工。这种构造方式一般用于大型的冷藏库等建筑。

缺点是与传统墙体相比偏厚,构造较传统墙体复杂,外围护结构的热桥较多。在地震区,由于建筑中圈梁和构造柱的设置,"热桥"更多,保温材料的效率仍然得不到充分的发挥;外侧墙片受室外气候影响大,昼夜温差和冬夏温差大,容易造成墙体开裂和雨水渗漏。外墙中保温层构造,见图 9.20(c)。

总之,建筑的隔热或保温措施能降低能耗。但保温的方法用于隔热,主要效果是延缓室外高温进入室内的时间、减缓温度的急剧变化,而不能像隔热措施那样,将大量热量阻止于外墙和屋面的表面并带走。从这个意义上说,建筑的隔热和保温是有区别的。

9.3.3 楼地层的保温和防冻

(1)地层保温

设保温层可以减少能耗和降低温差,对防潮也起一定作用。保温层常用两种做法:一种是地下水位较高的地区,可在面层与混凝土垫层间设保温层,例如满铺或在距外墙内侧 2 m 范围内铺 30~50 mm 厚的聚苯乙烯板,并在保温层下做防水层;另一种是在地下水位低、土壤较干燥的地区,可在垫层下铺一层 1:3 水泥炉渣或其他工业废料做保温层,见图 9.23。

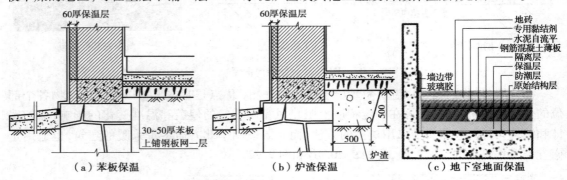

图 9.23　楼地层的保温

(2)采暖房间的地面

遇下列情况之一时,应采取局部保温措施:

①架空或悬挑部分直接面对室外的采暖房间楼层地面,或直接面对非采暖房间的楼层地面。

②建筑物周边无采暖通风管沟时,严寒地区底层地面,在外墙内侧 0.5~1.0 m 内宜采取保温措施,其热阻值不应小于外墙的热阻值。

(3)楼板层的保温

在寒冷地区,对于悬挑出去的楼板层或建筑物的门洞上部楼板、封闭阳台的底板、上下温差大的楼板等处需做好保温处理:可在楼板结构层上铺设保温材料,如采用高密度苯板、膨胀珍珠岩制品、轻骨料混凝土等(图 9.24(a));另一种是在楼板层结构层下面做保温处理,保温层与楼板层浇筑在一起,然后再抹灰,或将高密度聚苯板粘贴于挑出部分的楼板层下面做吊顶处理(图9.24(b))。

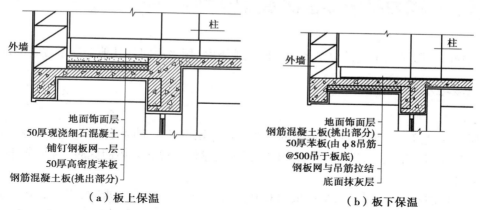

（a）板上保温　　　　　　　　　（b）板下保温

图9.24　悬挑楼板的保温处理

（4）地面防冻

季节性冰冻地区非采暖房间的地面及散水、明沟、踏步、台阶和坡道等,当土壤标准冻深大于600 mm、且在冻深范围内为冻胀土或强冻胀土时,宜采用碎石、矿渣地面或预制混凝土板面层。当必须采用混凝土垫层时,应在垫层下加设防冻胀层,见图9.25。防冻胀层应选用中粗砂、砂卵石、炉渣或炉渣石灰土等非冻胀材料,其厚度应根据当地经验确定,也可按表9.6选用。采用炉渣石灰土作防冻胀层时,其质量配合比宜为7∶2∶1(炉渣∶素土∶熟化石灰),压实系数不宜小于0.85,且冻前龄期应大于30 d。

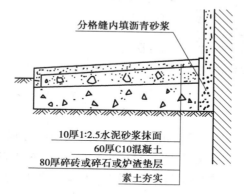

考虑了防冻的散水设计

图9.25　散水防冻构造

表9.6　防冻胀层厚度

土壤标准冻深/mm	防冻胀层厚度/mm	
	土壤为冻胀土	土壤为强冻胀土
600 ~ 800	100	150
1 200	200	300
1 800	350	450
2 200	500	600

9.4 建筑物特殊部位防水、防潮

建筑物防水防潮的重点部位是屋面、外墙、地下室、用水房间和其他会受水侵袭的部位。

9.4.1 楼地层防潮、防水

（1）地层防潮

底层地面直接与土壤接触，土壤中的水在毛细作用下进入室内，使房间湿度增大，影响房间的温湿状况和卫生状况，进而影响结构的耐久性、建筑美观和人体的健康，因此应进行必要的防潮处理。

对无特殊防潮要求的地层，垫层采用 C10 混凝土即可；有较高要求时，应在混凝土垫层与地面面层之间铺设热沥青或防水涂料形成防潮层，以防止潮气上升到地面，如图 9.26 所示。

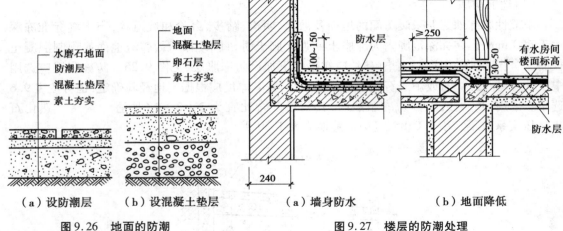

（a）设防潮层　（b）设混凝土垫层

图 9.26　地面的防潮

（a）墙身防水　（b）地面降低

图 9.27　楼层的防潮处理

（2）楼地面防水

室内用水房间（例如卫生间），是防水重点部位，结构层一般现浇，做成水池一样，即所谓下沉式（图 9.28（a））。建造时留出排水口，这样排水较好，二次装修时卫生洁具也便于布置。装修时以防水为主，还应做一道防水（图 9.28（b）），地漏周围也应增强防水处理，见图 9.28（c）。

有水或非腐蚀液体经常浸湿的地面，宜采用现浇水泥类面层。底层地面和现浇钢筋混凝土楼板，宜设置隔离层，即防止建筑地面上各种液体或水、潮气透过地面的构造层；装配式钢筋混凝土楼板，应设置隔离层。

用水频繁和容易积水的房间（如卫生间、厨房、实验室等），应做好楼地面的排水和防水。地面应设地漏，并用细石混凝土从四周向地漏找 0.5%～1% 的坡。为防积水外溢，地面应比其他房间或走道低 30～50 mm，或在门口设 20～30 mm 高的门槛。

这类房间宜采用现浇钢筋混凝土楼板，采用水泥砂浆地面、水磨石地面或贴缸砖、瓷砖、陶瓷锦砖等防水性能好的面层，还可设置一道防水层，防水层应沿四周墙面向上延伸 ≥150 mm。门口处，防水层应向外延伸 250 mm 以上（图 9.27）。

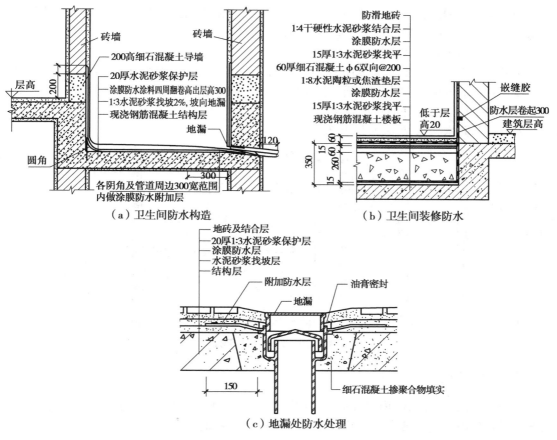

（a）卫生间防水构造　　　　　（b）卫生间装修防水

（c）地漏处防水处理

图9.28　卫生间防水

　　管道穿过楼板处常采用现浇楼板,并预留孔洞。安装管道时,为防止产生渗漏,一般采用两种处理方法:当穿管为冷水管时,可在穿管的四周用C20的干硬性细石混凝土振捣密实,再用卷材或防水涂料做密封处理(图9.29(a));当穿管为热力管道时,在管道外要加一个钢制套管,以防止因热胀冷缩变形而引起立管周围混凝土开裂。套管至少应高出地面30 mm,穿管与套管之间应填塞弹性防水材料(图9.29(b))。

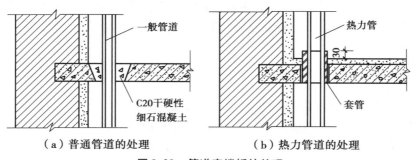

（a）普通管道的处理　　　　　（b）热力管道的处理

图9.29　管道穿楼板的处理

9.4.2　外墙防水

　　外墙防水是保证建筑物内部和结构不受水的侵蚀的一项分部防水工程。

外墙防水工程的目的,是使建筑物能在设计耐久年限内,免受雨水、生活用水的渗漏和地下水的侵蚀,确保建筑结构、内部空间不受污损。

外墙墙体防水构造要求如下:

①外墙防水的砌筑要求为:砌筑时避免外墙墙体重缝、透光,砂浆灰缝应均匀。

②应封堵墙身的各种孔洞,不平整处用水泥砂浆找平,如遇太厚处,应分层找平。

③面层采用防渗性好的材料装修。

外墙墙面防水构造做法,见图9.30。

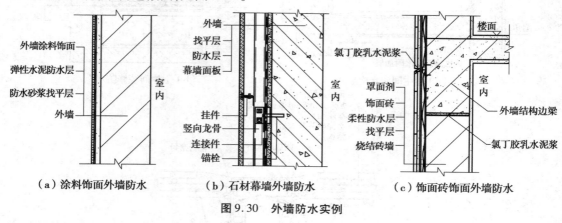

（a）涂料饰面外墙防水　　（b）石材幕墙外墙防水　　（c）饰面砖饰面外墙防水

图9.30　外墙防水实例

9.4.3　门窗防水

外墙窗框固定好后,需用聚合物防水砂浆对窗框周边进行塞缝。塞缝要压实、饱满,绝不能有透光现象出现。门窗安装、粉饰成型后,要进行成品保护,防止被破坏。

9.5　建筑隔声构造

建筑隔声的目的是阻止环境噪声干扰,为人们的生活和工作提供安静的环境。声能的传递是借助固体、气体和液体等媒介,通过振动波的方式进行的。建筑隔声就是阻隔声能在空气和固体中的这种传递,其主要途径是增强门窗和隔墙的密闭性,削弱固体(包括门窗)的振动传声。

9.5.1　单层墙隔声

单层隔声墙是板状或墙状的隔声构件。墙的单位面积质量越大,隔声效果越好。对于低频声(小于500 Hz),隔声效果与隔墙的刚度有关,频率越高,刚度应该越低;对于中频声(500 Hz),一般采用阻尼构件(如在钢板上刷沥青);对于高频声(大于500 Hz),可加大墙的质量来隔绝。

9.5.2　多层墙的隔声特性

（1）双层隔声墙

双层隔声墙(包括轻质隔墙)的隔声效果比单层墙好,因为一般夹有空气层或隔声材料。

当声波透过第一墙时,经空气与墙板两次反射会衰减,加之空气层的弹性和附加吸收作用加大了衰减;声波传至第二墙,再经两次反射,透射声能再次衰减。例如,图9.31(a)是钢筋混凝土墙+岩棉+纸面石膏板墙;图9.31(b)是砖墙+岩棉+纸面石膏板墙;图9.31(c)是砖墙+隔声毡+轻质隔板。

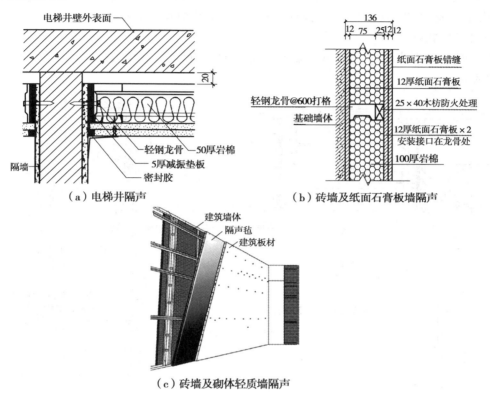

（a）电梯井隔声　　　　　（b）砖墙及纸面石膏板墙隔声

（c）砖墙及砌体轻质墙隔声

图9.31　墙体隔声构造

（2）多层复合板隔声

多层复合板是由几层面密度或性质不同的板材组成的复合隔声构件,通常用金属或非金属的坚实薄板做面层,内侧覆盖阻尼材料,或填入多孔吸声材料或设空气层等组成。多层复合板质轻和隔声性能良好,广泛用于多种隔声结构中,如隔声门(窗)、隔声罩、隔声间的墙体等,见图9.32。

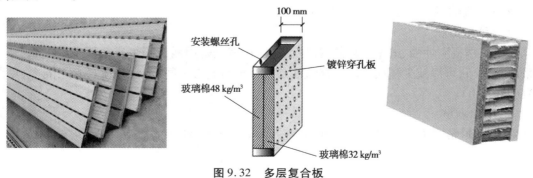

图9.32　多层复合板

9.5.3 门(窗)的隔声和缝隙的处理

(1)缝隙的处理

门窗与边框的交接处应尽量加以密封,密封材料可选用柔软而富有弹性的材料,如细软橡皮、海绵乳胶、泡沫塑料、毛毡等,橡胶类密封材料老化应及时更换。

(2)门窗的隔声构造

隔声窗构造见图9.33,其原理主要为:双层玻璃相互倾斜,减少共振,引发的振动传声;对所有缝隙封堵。

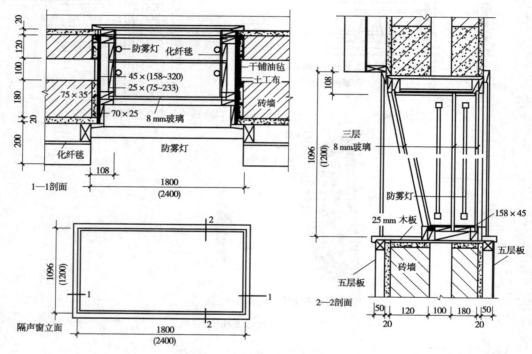

图 9.33　隔声窗设计举例

9.5.4　楼层隔声

楼板层的隔声处理有两条途径:一是采用弹性面层、设置浮筑层或在板底采用阻尼材料(弹性材料)敷贴板底的方法;二是吊顶增加隔声效果。

(1)板面处理

混凝土楼板刚性强、减振效果差,弹性面层隔声就是采用铺设胶垫或地毯来减少撞击声,或采用木地板,可以减少楼板振动。浮筑法是在楼板与面层之间,加设轻质材料层隔声,见图9.34(a)和(b)。

(2)吊顶隔声

采用吊顶隔声的方法,也可以起到隔声的作用,见图9.34(c)。

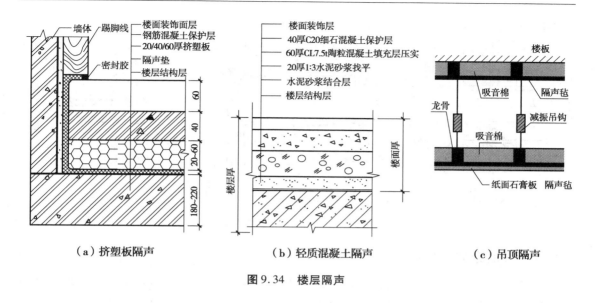

（a）挤塑板隔声　　　　　（b）轻质混凝土隔声　　　　　（c）吊顶隔声

图9.34　楼层隔声

9.6　管线穿楼层屋面和墙体的构造

9.6.1　管道穿基础

管道需穿越基础时,基础应预留孔洞,与管道保留一定的空间距离,避免因基础下沉导致管道受损,见图9.35。

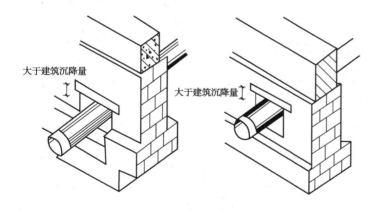

管道穿过基础预留洞尺寸(mm)		
管径	洞口尺寸	
d(mm)	宽	高
50	300	300
75	300	300
≥100	$d+300$	$d+200$

图9.35　管道穿基础

9.6.2　管道穿地下室

管道穿地下室的原理同管道穿墙,但防水要求更高,其主要构造原理和措施见图9.36。

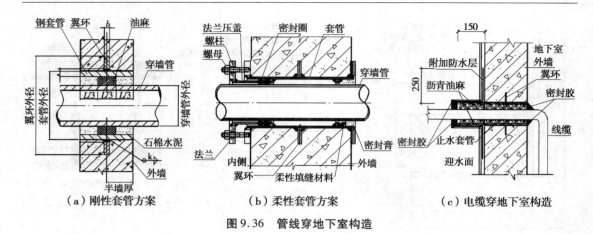

（a）刚性套管方案　　　　（b）柔性套管方案　　　　（c）电缆穿地下室构造

图 9.36　管线穿地下室构造

9.6.3　管道穿墙和楼板

　　管道穿墙或楼板,要注意防水、防火、隔热、隔声,避免墙、板变形或错位导致的损害等问题。管道穿过墙壁和楼板,应设置金属或塑料套管。管线安装到位后,所有缝隙应严密封堵。

　　①金属套管制作安装:

　　a.给排水套管在制作时应注意,安装后管口应与墙、梁、柱完成面相平;

　　b.电气套管安装后管口两边应伸出墙、梁、柱面 50~100 mm。

　　②楼板套管的封堵及要求,见图 9.37(c)。

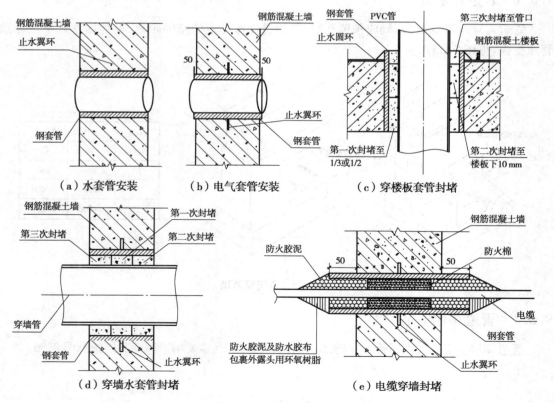

（a）水套管安装　　　　（b）电气套管安装　　　　（c）穿楼板套管封堵

（d）穿墙水套管封堵　　　　　　　　（e）电缆穿墙封堵

图 9.37　管线穿墙板

③穿墙水套管的安装见图9.37(a),封堵及要求见图9.37(d)。
④电气套管穿墙的安装见图9.37(b),封堵及要求见图9.37(e)。

9.6.4 管道穿越变形缝的构造处理

一般采用刚性套管(图9.38(a))、柔性套管(图9.38(b))和补偿器(图9.38(c)),来保证管线穿越的安全和缝隙的密闭。刚性防水套管是钢管外加翼环(钢板做的环形)套在钢管上,置于混凝土墙内,用于一般管道穿墙,如地下室等管道需穿管道地位置;柔性防水套管除了外部翼环,内部还有柔性材料和法兰内丝,用于有减震需要的或密闭要求较高的地方,如与水泵连接的管道穿墙、人防墙,水池等处。

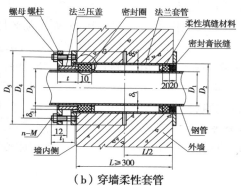

(a)穿墙套管 　　　　(b)穿墙柔性套管 　　　　(c)补偿器

图9.38 管道穿变形缝措施

9.6.5 管道穿屋面

一般排气道和通风道应高出屋面2 m。下水管道的透气管出屋面,不上人的,不小于0.6 m;上人的,不超过2 m,见图9.39。

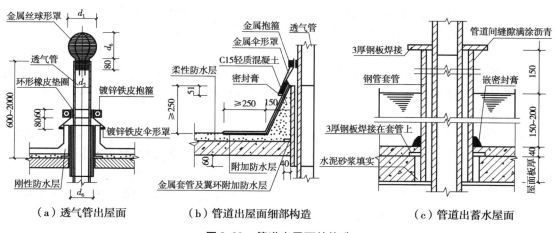

(a)透气管出屋面 　　　　(b)管道出屋面细部构造 　　　　(c)管道出蓄水屋面

图9.39 管道出屋面的构造

9.7 电磁屏蔽

9.7.1 电磁屏蔽

建筑的电磁屏蔽是为保护建筑内部不受外界电磁干扰或相反。由于电磁波遇到金属等导电物质都会被反射或吸收,可利用良好接地的金属网,将电磁辐射截获并通过大地把它吸收掉。建筑的电磁屏蔽就是利用这个原理,使得电磁辐射场源所产生的干扰电磁能流不进入被屏蔽区域,或者建筑内部的电磁波不会干扰外界。

干扰来源于自然界的或人为的因素。自然干扰源包括地球上各处雷电、太阳黑子爆炸以及银河系的宇宙噪声等。人为干扰源包括各种无线电发射机,工业、科学和医用射频设备,架空输电线、高压设备和电力牵引系统,机电车辆和内燃机,电动机、家用电器、照明器具及类似设备,信息技术设备,以及静电放电和电磁脉冲等。

今天,更多的建筑物或构筑物对电磁屏蔽提出了要求,例如精密车间、国防工程、有较多尖端设备的场所以及其他保密程度要求较高的工业与民用建筑。但有的建筑仅需要设置一些电磁屏蔽室,这是一种可以将电磁场的影响抑制在一定范围之内或之外的装置。

9.7.2 屏蔽室分类

（1）按用途分类

屏蔽室按用途可以分为以下4类:

第一类:阻断室内电磁辐射向外界扩散。

第二类:隔离外界电磁干扰,例如雷电、电火花、无线通信等。

第三类:防止电子通信设备信息泄漏,确保信息安全。

第四类:军事指挥通信要素必须具备抵御敌方电磁干扰的能力,在遭到电磁干扰攻击甚至核爆炸等极端情况下,防止射频设备对作业人员的危害与影响。

（2）按结构组成分类

电磁屏蔽室就是一个金属网或金属板笼罩的房子,其空间壳体、门、窗等都具备严密的电磁密封性能并有良好接地,如果对所有进出管线也进行屏蔽,就可阻断电磁辐射出入,见图9.40。

①板型屏蔽室:主要屏蔽材料为金属板(例如冷轧钢板或铝板)。焊接式屏蔽室采用2~3 mm冷轧钢板与龙骨框架焊接而成,屏蔽效能高,适应各种规格尺寸,是电磁屏蔽室的主要形式。

②网型屏蔽室:由若干金属网或板拉网等嵌在骨架上组成的屏蔽体。它又可分为两种:装配式网状屏蔽室和焊接固定式网状屏蔽室。

9.7.3 屏蔽室的设计

屏蔽室的设计可以分为下述几部分。

（1）屏蔽材料的选择

从屏蔽效能来看，近场屏蔽和远场屏蔽可采用不同的屏蔽材料。远场屏蔽：选用钢（被动场防护）；近场屏蔽：选用紫铜（主动场防护）。可用于屏蔽的材料还有铝、铁和不锈钢材料等。

（2）屏蔽材料的连接方法

由金属网组成的屏蔽室，网与网之间的连接方法应该采用同一材料的金属带做过渡连续焊，构成屏蔽整体。金属带是宽 5~10 cm 的金属板。

（3）屏蔽室门的设计

电磁屏蔽门是屏蔽室唯一活动部件，电磁屏蔽门有铰链式插刀门和平移门两大类，各有手动、电动、全自动等形式。屏蔽室门可以设计成以下两种：

①金属板屏蔽门：采用与屏蔽壁相同的金属板屏蔽材料将木制门架包裹，形成一金属板屏蔽门。

②属网屏蔽门：也是采用与屏蔽壁相同的金属网材料制造，将木制门架包裹，形成一金属网屏蔽门。

（4）屏蔽室窗的设计

屏蔽室的窗户必须镶有双层小网孔的金属网，网距在 0.2 mm 以下，两层网之间距离不应小于 5 cm，两层金属网必须与屏蔽室屏蔽壁（窗框）具有可靠的电气接触，最好焊接。

（5）屏蔽室通风孔的设计

通风问题主要是针对板型屏蔽室提出的，对于网型屏蔽室，则不是主要的，可以不采取特殊的通风措施。

①板型屏蔽室的通风装置可以用"截止波导"管组成。

②屏蔽室的通风口也可用金属双层屏蔽网进行屏蔽。

（6）管道屏蔽设计

若有气体、水等管道穿入屏蔽室，将造成屏蔽效能的严重下降，所以应将管道的适当部分（如龙头等部位）用圆形网片焊接，同时将接向龙头的网片焊接在屏蔽壁上。进入防护室的各种非导体管线（如消防喷淋管、光纤等），均应通过波导管，其对电磁辐射的截止原理与波导窗相同。

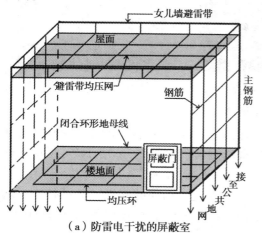

（a）防雷电干扰的屏蔽室

（b）防无线电干扰的屏蔽室

图 9.40　电磁屏蔽室

9.8 建筑遮阳

遮阳的作用是避免阳光直射室内,主要是通过设置各种形式的遮阳板来实现,因此遮阳板也成为建筑物的组成部分。

9.8.1 遮阳的类型

(1)窗口遮阳

常用遮阳的形式一般可分为4种:水平式、垂直式、综合式和挡板式,见图9.41。

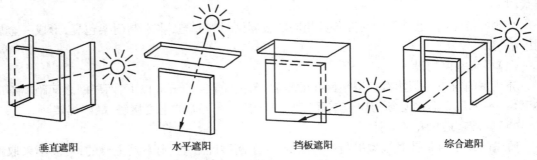

垂直遮阳　　　　　水平遮阳　　　　　挡板遮阳　　　　　综合遮阳

图9.41 窗户的遮阳形式

(2)建筑外立面遮阳构造

对于大面积的玻璃窗、玻璃幕墙或其他外墙面,遮阳措施实质上是采取对整个建筑外立面进行遮阳处理,其原理和方法与对窗口的遮阳大体相同。

（a）外立面水平遮阳　　　（b）外立面垂直遮阳　　　（c）外立面综合遮阳

图9.42 建筑外立面遮阳

水平式能够遮挡太阳高度角较大、从窗上方照射的阳光,适于南向及接近南向的窗口,见图9.42(a)。垂直式能够遮挡太阳高度角较小、从窗两侧斜射的阳光,适用于东、西及接近东、西朝向的窗口,见图9.42(b)。

综合式遮阳包含有水平及垂直遮阳,能遮挡窗上方及左右两侧的阳光,故适用于南、东南、西南及其附近朝向的窗口。挡板式能够遮挡太阳高度角较小、正射窗口的阳光,适于东、西向的窗口,见图9.42(c)。

（3）成品遮阳构件

成品遮阳构件的特点是工厂生产、现场安装。优点是质量轻；可选种类多；耐候性好；一般不影响热气流沿外墙上升，可避免其受不通透的混凝土遮阳的拦截而进入室内；可以调节或自动调节角度等，见图9.43。

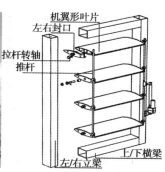

（a）成品塑料遮阳　　　　（b）成品金属机翼形遮阳　　　（c）机翼形遮阳原理图

图9.43　成品遮阳构件

（4）简易设施遮阳

简易设施遮阳的特点是制作简易、经济、灵活、拆卸方便，但耐久性差。简易设施可用苇席、布篷、百叶窗、竹帘、塑料和其他成品遮阳构件等。

9.8.2　绿化遮阳

对于低层建筑来说，绿化遮阳既经济又美观，可利用搭设棚架、种植攀缘植物或利用阔叶树来遮阳，见图9.44。

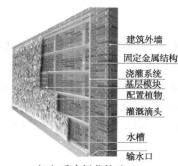

（a）垂直绿化遮阳　　　　（b）垂直绿化构造　　　　（c）攀缘植物遮阳

图9.44　绿化遮阳

9.9　阳　台

阳台设置于建筑物每一层的外墙以外，给楼层上的居住人员提供一定的室外空间，是多层住宅、高层住宅和旅馆等建筑中不可缺少的一部分。

9.9.1 阳台的类型与尺寸

阳台由承重梁、板和栏杆组成,按其与外墙面的关系分为挑阳台、凹阳台、半挑半凹阳台和转角阳台,见图9.45。

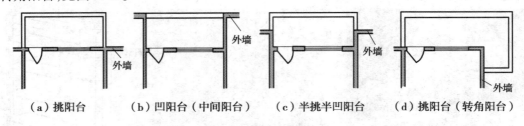

（a）挑阳台　　　（b）凹阳台（中间阳台）　　　（c）半挑半凹阳台　　　（d）挑阳台（转角阳台）

图9.45　阳台类型之一

阳台按施工方法不同,分为预制阳台和现浇阳台;按照使用功能的不同,分为生活阳台和服务阳台。生活阳台用于休闲活动及眺望等,一般紧邻居室(客厅、书房或卧室);服务阳台供晾晒和食品粗加工等杂用,紧邻厨房。

阳台平面尺寸的确定涉及建筑使用功能和结构的经济性和安全性。阳台悬挑尺寸大,使用空间大,但遮挡室内阳光,不利于室内采光和日照;并且悬挑长度过大,在结构上不经济。一般悬挑长度为1.2~1.5 m为宜,过小则不便于使用,过大又增加结构自重。阳台宽度通常等于一个开间,方便结构处理。

9.9.2 阳台结构布置方式

阳台承重结构应该与室内楼板的结构布置协调。阳台的结构方案有墙承式和悬挑式,悬挑阳台按悬挑方式不同,分为挑梁式阳台、挑板式阳台和压梁式阳台,见图9.45。

（1）墙承式

墙承式是将阳台预制板搁置在两端墙体上,见图9.46(a)。

（2）挑梁式

挑梁式是从承重墙内外伸挑梁,其上搁置预制楼板,使阳台荷载通过挑梁传给承重墙。这种结构布置简单、传力直接明确,但由于挑梁尺寸较大,阳台外形会显笨重。为美观起见,可在挑梁端头设置面梁,既可以遮挡挑梁端部,又可以承受阳台栏杆重力,还可以加强阳台的整体性,见图9.46(b)。

（3）挑板式

挑板式是利用楼板向外悬挑一部分形成阳台。这种阳台构造简单,造型轻巧,但阳台与室内楼板在同一标高,雨水易进入室内。挑板厚度不小于挑出长度的1/12,见图9.46(c)。

（4）压梁式

压梁式是将阳台板与钢筋混凝土梁浇筑成整体,梁被其他建筑构件压住时,阳台板也安装到位,见图9.46(d)。

9.9.3 阳台的细部构造

阳台栏杆是设置在阳台外围的保护设施,供人们扶倚之用,必须牢固。按立面形式分为实体、空花和混合式(图9.47)。多层建筑阳台栏杆高度不小于1 105 mm,高层建筑的栏杆净

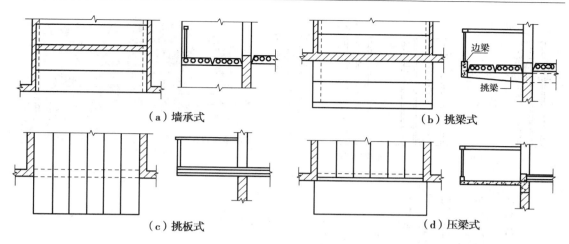

（a）墙承式　　　　　　　　　　　（b）挑梁式

（c）挑板式　　　　　　　　　　　（d）压梁式

图9.46　阳台结构布置

高度不低于 1 100 mm,栏杆垂直杆件之间的净距离不大于 110 mm,也不应设水平分格,以防儿童攀爬。栏杆材料以金属栏杆及混凝土栏杆为主。

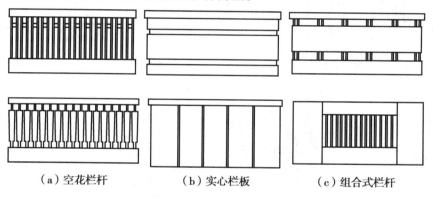

（a）空花栏杆　　　　（b）实心栏板　　　　（c）组合式栏杆

图9.47　阳台栏杆栏板形式

阳台栏板按材料分为砌筑、钢筋混凝土以及玻璃和金属栏板等。

砌筑栏板一般为 60 mm 或 120 mm 厚。由于砖砌栏板整体性差,为保证安全,常在栏板中设置通长钢筋或在外侧固定钢筋网,并采用现浇扶手和转角立柱增强其整体稳定性,见图 9.48(c)。

钢筋混凝土栏板以预制为主,栏板厚 60~80 mm,用 C20 细石混凝土制作,见图 9.48(d)。栏板下端和预埋铁件连接,上端钢筋与扶手连接,因其耐久性和整体性较好,应用较广泛。

现浇钢筋混凝土栏板常二次现浇而成,整体性较好,见图 9.49(c)。

金属栏杆一般采用方钢、圆钢、扁钢或钢管焊接成各种形式的镂花,以及采用铸铁构件,与阳台板中预埋件焊接或直接插入阳台板的预留孔洞中连接,见图 9.49(d)。

9.9.4　阳台排水

为防止雨水倒灌室内,阳台地面应低于室内地面 60~100 mm,抹灰后不小于 20 mm,阳台板外缘设挡水坎。阳台排水有外排水和内排水两种。外排水适用于低层和多层建筑,是在阳台外侧设置吐水管将水排出,泄水管可采用 φ40~φ50 镀锌铁管和塑料管,外挑长度>80 mm,

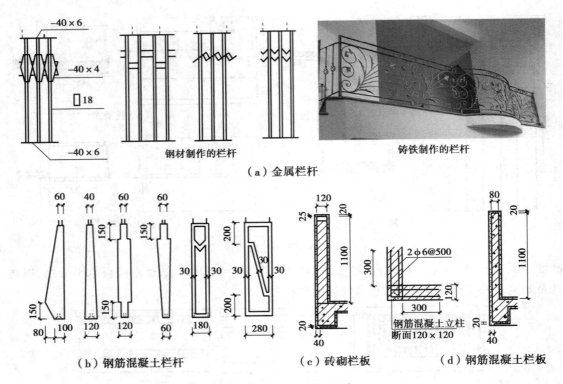

（a）金属栏杆

（b）钢筋混凝土栏杆　　（c）砖砌栏板　　（d）钢筋混凝土栏板

图9.48　栏杆及栏板构造

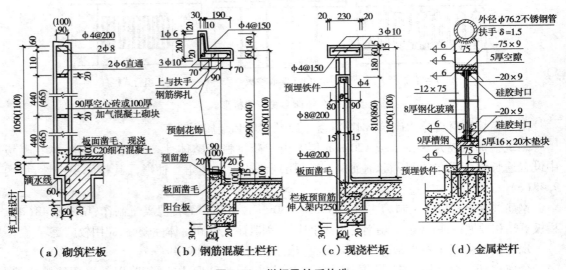

（a）砌筑栏板　　（b）钢筋混凝土栏杆　　（c）现浇栏板　　（d）金属栏杆

图9.49　栏杆及扶手构造

见图9.50（a）。内排水适用于高层建筑和高标准建筑,是通过排水立管和地漏,将雨水排入地下管网,见图9.50（b）。阳台地面应设0.5%～1%排水坡度,坡向地漏或泄水口管。

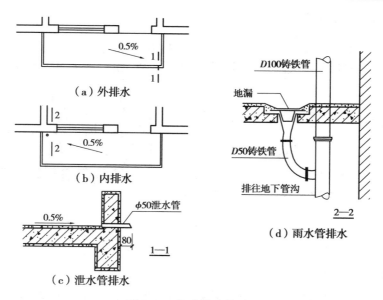

（a）外排水

（b）内排水

（c）泄水管排水

（d）雨水管排水

图 9.50　阳台排水构造

9.10　雨　篷

雨篷设于建筑物出入口或顶层阳台上方处,用于遮挡雨雪等,并起到突出入口和丰富建筑立面的作用。雨篷依据材料和结构可分为钢筋混凝土雨篷、钢结构悬挑雨篷、玻璃采光雨篷和软面折叠雨篷等类型。

雨篷的受力作用与阳台相似,均为悬臂构件,一般由雨篷板和雨篷梁组成。为防止倾覆,常将雨篷与过梁或圈梁浇筑在一起。雨篷板的悬挑长度由建筑要求和结构可行性决定,当悬挑长度较小时,可采用悬板式,见图 9.51（a）,一般挑出长度不大于 1.5 m。当需要挑出长度较大时,可采用挑梁式,见图 9.51（b）。

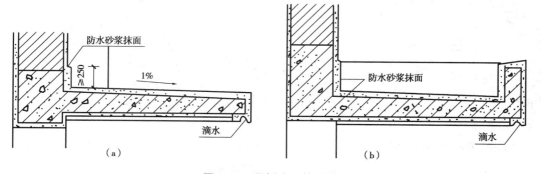

（a）

（b）

图 9.51　悬板式雨篷结构

1)钢筋混凝土悬板式

悬板式雨篷一般为 0.9～1.5 m,板根部厚度不小于 70 mm,端部厚度不小于 50 mm,雨篷宽度比门洞每边宽>250 mm,排水方式可采用无组织排水(图 9.51（a）)和有组织排水(图9.51（b）)。

2）钢筋混凝土梁板式

钢筋混凝土梁板式雨篷多用在宽度较大的入口处，如影剧院、商场等。挑梁从柱子或墙上挑出，为使板底平整，多做成倒梁式即承重梁在板面以上的形式（图9.52）。

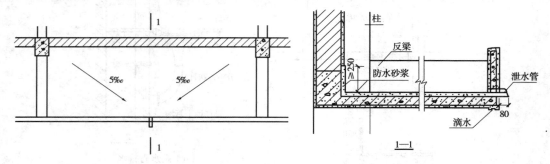

图9.52　梁板式雨篷构造

3）细部构造

为防止雨水渗入室内，梁板式雨篷梁面必须高出板面至少60 mm，板面用防水砂浆抹面，并向排水口做出1%坡度，防水砂浆应顺墙上卷至少300 mm。

雨篷的常见类型及做法见图9.53所示。

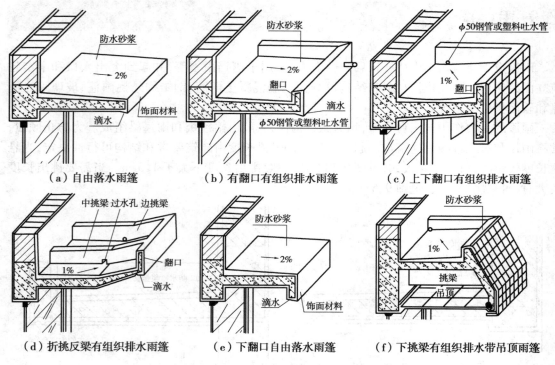

（a）自由落水雨篷　　　　（b）有翻口有组织排水雨篷　　　　（c）上下翻口有组织排水雨篷

（d）折挑反梁有组织排水雨篷　　（e）下翻口自由落水雨篷　　（f）下挑梁有组织排水带吊顶雨篷

图9.53　雨篷类型及做法

钢筋混凝土雨篷当挑出长度较大时，雨篷由梁、板、柱组成，其构造与楼板相同；当挑出长度较小时，雨篷与凸阳台一样做成悬臂构件，一般由雨篷梁和雨篷板组成（图9.54）。

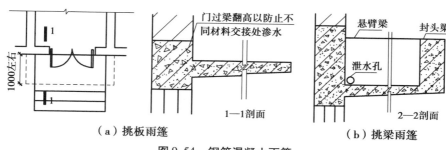

（a）挑板雨篷　　　　　　　　1—1剖面　　　　　　　（b）挑梁雨篷　　　2—2剖面

图9.54　钢筋混凝土雨篷

4）钢结构悬挑雨篷

钢结构悬挑雨篷由支撑系统、骨架系统和板面系统3个部分组成，如塑铝板饰面的钢结构悬挑雨篷（图9.55（a）），以及用钢化玻璃和夹胶玻璃等做雨篷面板的钢结构悬挑玻璃雨篷（图9.55（b）和（c））。

（a）钢结构铝塑板饰面雨篷　　（b）钢结构悬挑玻璃面板雨篷　　（c）钢结构悬挂玻璃面板雨篷

图9.55　钢结构悬挑雨篷

复习思考题

1. 简述建筑变形缝的作用和差异，说明其设置位置和宽度。

2. 简述建筑隔热与保温的异同。

3. 简述用水房间防水防潮的原理。

4. 建筑隔声的依据，常用的构造措施有哪些？

5. 管道穿越基础、建筑的水平和垂直构件的主要构造措施有哪些？

6. 电磁屏蔽的原理和相应措施有哪些？

7. 生态环保的遮阳措施有哪些？

8. 阳台的类型有哪些？

9. 阳台板的结构类型有哪些？

10. 阳台栏杆类型有哪些？各有何特点？

11. 绘图表示阳台的排水构造。

12. 雨篷的类型有哪些？常采用的支承方式是什么？

13. 简述雨篷防水和排水的处理方式。

$\boldsymbol{10}$

场地配套设施的构造

[本章导读]

　　建筑工程都有场地处理和配套设施建设内容,本章系统介绍场地处理及常用配套设施的构造原理和构造措施。通过本章学习,应了解场地排水及构造措施;了解建筑小品的作用和构造;熟悉道路广场等地面硬化的材料与构造;熟悉相关标准设计;掌握各种地形改造加固的方法和构造措施。

10.1　道路与广场构造

　　道路与广场是建筑环境的重要组成部分,道路在场地中起着组织交通和引导流线的作用;广场提供人流集散与休憩、停车等。大多数广场和活动场地是由道路拓宽后形成的,例如车行道拓宽就形成停车场或回车场;人行道拓宽就成为人群的活动场所(如广场或羽毛球场等),当然大型的活动场所(如田径场)是例外。

10.1.1　道路

1)道路类别

　　按材料和铺筑方式不同,可分为刚性道路和柔性道路。刚性道路(如现浇混凝土或现浇钢筋混凝土道路)稳定性强,但变形受到限制,为适应混凝土热胀冷缩的变化,需设变形缝,缝中嵌设沥青等弹性材料。柔性道路一般指沥青路面和散块铺设的道路,可自身调节温度变形。

　　按使用功能的不同,可分为车行道和人行道。车行道承载能力大、路面平整较宽、长方向坡度有一定的限度(例如不超过8%),详见《城市道路工程设计规范》(CJJ 37. 2012)。道路拐弯处要有一定的转弯半径,见图10.1(a)。人行道按路面铺装材料的不同,分为砂石路、碎石路、花砖铺路、木桩路等。

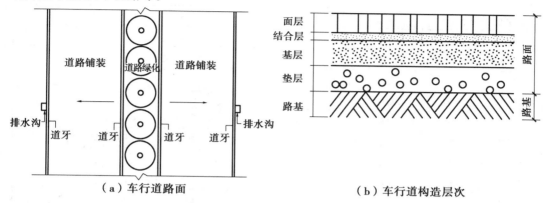

（a）车行道路面　　　　　　　　（b）车行道构造层次

图10.1　道路

车行道与人行道一般各成体系,车行道通常还有组织地面排水的功能,使得车行和人行两个体系有100~200 mm的高差,车流与人流也得以分开。设计时应在重要部位设置斜坡沟通两个体系,以方便轮椅、儿童车和自行车等通行。两个体系的构造做法大体相同但有区别,因为各自承受的荷载不同。车行道的铺砌层一般铺筑在素混凝土基层上;而人行道的铺砌层一般是构筑在砂、矿渣、建筑废料的基层上,仅重要的广场和街道例外。

2)道路的基本构造层次

道路一般由路面和路基两部分组成,见图10.1(b)。路基是道路的地基,承受路面上传递下来的负荷,保证道路的强度和刚度,一般的构造做法是素土夯实。路面的构造层次有垫层、基层、结合层和面层。

（1）垫层

垫层的作用是解决路基标高过低、排水不良等问题,并满足排水、隔温或防冻等的需要,常用煤渣土、石灰土或与路基同类土等筑成。

（2）基层

基层直接设置于路基之上,传递来自面层的负荷给路基。基层一般用碎石、灰土或各种工业废渣等筑成,对于要求较高的道路则采用现浇混凝土。

（3）结合层

结合层在面层和基层之间,起找平和结合面层作用,常用30~50厚的中粗砂、水泥砂浆或白灰砂浆。

（4）面层

面层是道路最上面一层,要求美观、坚固、平稳、耐磨损,具有一定的粗糙度,少起尘并便于清扫。材料和施工方法不同,面层的构造方式也不同。

各类路面结合层的最小厚度,见表10.1。

表 10.1　路面结构层最小厚度控制值

结构层材料		层　位	最小厚度值/mm	备　注
现浇水泥混凝土		面层	60	
现浇钢筋混凝土		面层	80	
水泥砂浆表面处理		面层	10	1∶2 水泥砂浆用中粗砂
石片、釉面地砖铺贴		面层	15	水泥做结合层
沥青混凝土	细粒式	面层	30	双层式结构的上层为细粒式时,上层油毡层最小厚度为 20 mm
	中粒式	面层	35	
	粗粒式	面层	50	
石板、混凝土预制板		面层	60	预制板φ6@150 双向钢筋
整齐石块、预制砌块		面层	100～120	
半整齐、不整齐石块		面层	100～120	包括拳石、圆石
卵石铺地		面层	25	干硬性 1∶1 水泥砂浆结合层
砖石镶嵌拼花		面层	50	1∶2 水泥砂浆结合层
石灰土		基层或垫层	80 或 150	老路上为 80 mm,新路上为 150 mm
级配碎砾石		基层	60	
手摆石块		基层	120	
砂、煤渣		垫层	150	
透水混凝土		面层		

3)常见道路的路面构造

建筑环境中的道路除了稳定、结实、耐用外,同时要求有相应的景观效果,尤其是对面层的铺装有一定的要求。常见的道路路面构造有以下结构做法,见表 10.2。

表 10.2　常见道路路面构造

名　称	材料及做法
混凝土车行道	C25 混凝土 200 mm 厚,30 mm 厚粗砂间层,大块石垫层厚 200 mm,素土夯实
	C25 混凝土 120 mm 厚,30 mm 厚粗砂垫层,100 mm 厚碎石碾压,素土夯实
预制混凝土路面	C20 预制混凝土块 250 mm×250 mm 厚 50 mm,块缝灌 1∶3 水泥砂浆,厚 30 mm 粗砂层,100 厚碎石碾压,素土夯实
透水混凝土	装饰性透水面层,50 mm 厚彩色强固透水混凝土,100 mm 厚基准打孔透水混凝土,20 mm 厚粗砂滤水层,150 mm 厚级配碎石垫层,素土夯实
沥青表面	25 mm 厚沥青表面处理,级配碎石面层厚 50 mm,碎石垫层厚 100 mm,素土夯实
沥青混凝土路	50 mm 厚中粒沥青混凝土,60 mm 厚碎石间层,150 mm 厚碎石垫层,素土夯实
卵石路面	80 mm 厚 C20 混凝土栽小卵石,30 mm 厚粗砂垫层,100 mm 厚碎石碾压
砌块嵌草路面	100 mm 厚混凝土空心砖,30 mm 厚粗砂间层,200 mm 厚碎石垫层,素土夯实
砖铺地面	MU7.5 灰砂砖铺地,M5 水泥砂浆嵌缝,30 mm 厚粗砂垫层,100 厚碎石压实,素土夯实
石板浅草路面	100 mm 厚石板留草缝宽,40～50 mm 厚黄沙垫层,素土夯实

4)路面铺装构造实例

路面铺装构造包括路面材料的选用、外形形状的处理和相应的施工工艺的考虑等。常见场地铺装的构造如下：

（1）整体路面

整体路面是指一次性整体铺装的路面，如沥青混凝土或水泥混凝土路面。它平整度好、耐磨耐压、施工和养护简单，多用于车行道和主要人行道。

水泥混凝土路面基层常用 80～120 mm 的碎石或 150～200 mm 厚的大石块，上置 50～80 mm 的砂石层做间隔层，面层常采用 100～150 mm 厚的 C20 现浇混凝土。为加强抗弯能力，对于行驶重型车辆的道路，应在其中间设置 φ14@250 mm 的双向钢筋网片。路面每隔 6～10 m 设置横向伸缩缝一道。

沥青混凝土路面基层的做法同水泥混凝土的基层，或用石灰碎石铺设 60～150 mm 厚做垫层，再以 30～50 mm 沥青混凝土做面层，并以 15～20 mm 厚的沥青细石砂浆做光面覆盖层。

目前各种路面的首选应是透水混凝土路面（图 10.2）。这是一种能让雨水流入地下，缓解城市的地下水位急剧下降，能有效消除地面上的油类化合物等对环境的污染，能维护生态平衡和减少城市热岛效应的优良的路面铺装材料。

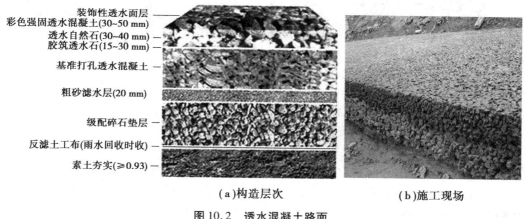

（a）构造层次　　　　　（b）施工现场

图 10.2　透水混凝土路面

（2）块料路面

块料路面用砖、预制混凝土块、石板材等做路面铺装。块料一般使用水泥砂浆结合层，铺设于混凝土的基层上。

①砖铺路面。以成品砖为路面面层，使用砖的自身色彩，采用各种不同的编排图式，构成各种形式，见图 10.3。

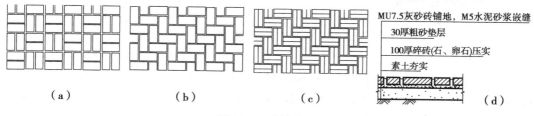

（a）　　　　（b）　　　　（c）　　　　　（d）

图 10.3　砖铺路面

②石板路面。一般选用等厚的石板材作面层,利用石材的天然质感,营造出一种自然、沉稳的气氛。石板可直接铺设于砂垫层上或路基上,见图10.4。

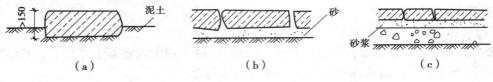

图10.4　石板路面

③预制混凝土块路面。预制混凝土块的规格一般按设计要求而定。素混凝土预制块,其厚度不应小于80 mm;钢筋混凝土板,其厚度最小可达60 mm,钢筋为φ6~φ8双向@200~250 mm。混凝土预制块的顶部可做成彩色、光面、露骨料等艺术形式。预制混凝土块的铺设基本上与石板路面相同。

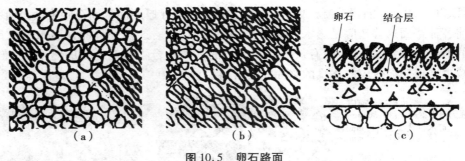

图10.5　卵石路面

(3)颗粒路面

颗粒路面是指采用小型不规则的硬质材料,使用水泥砂浆黏结于混凝土基层上的路面铺装方式,主要有卵石、陶瓷碎片等路面形式。

①卵石路面。是将卵石按大小、色彩、形状等分类铺设成各种色彩、图案,如图10.5所示。常见于公园游步道或小庭园中的道路,见图10.5。卵石路面也可充作足疗健身步道。

②碎石路面。碎石路面又称"弹街石"路面,常用颗粒直径50~100 mm的不规则碎石或较规则正方体石块,用中粗砂固定于路的基层上,见图10.6。

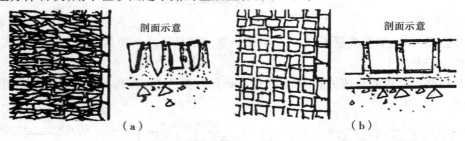

图10.6　碎石路面

(4)花式路面

花式路面是指艺术形式特别、功能要求复杂的路面,如图案路面、嵌草路面等。最常见的图案路面为"石子画",它是选用精雕的砖、磨细的瓦和经过严格挑选的各色卵石拼凑铺装而成的路面,见图10.7为其中几种。

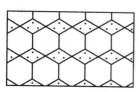
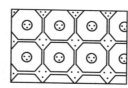
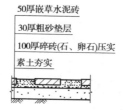
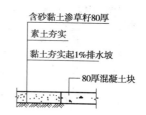

图 10.7 花式路面

图 10.8 嵌草路面

（5）嵌草路面

嵌草路面又称植草路面,指在面层块材之间留出 30~50 mm 的缝隙或块材自身的穿空中填土,用以种植草或其他地被植物的路面,如图 10.8 所示。嵌草路面的面层块材一般可直接铺设在路基上,或在混凝土基层上设置较厚的砂结合层。

10.1.2 附属工程的构造

（1）道牙

道牙又称路肩石、路缘石或路牙,是安置在道路两侧的道路附属工程。它保护路面,便于排水,在路面与路肩之间起衔接联系的作用。道牙的结构形式有立式、平式等多种形式。道牙一般采用 C20 的预制混凝土块或长方形的石块做成,也可采用砖块砌作小型的路牙。自然式的步行小道可以采用瓦、大卵石、大石块等材料构成,造景效果好。常见的道牙构造见图10.9。

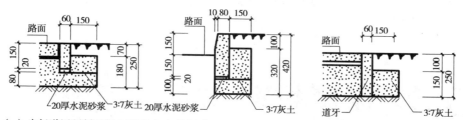

（a）步行道用预制混凝土道牙 （b）快料路面用预制混凝土立道牙 （c）预制混凝土立道牙

图 10.9 道牙设计实例

（2）排水沟和雨水井

排水沟和雨水井是收集和排放地面雨水的设施。因排水量较大,场地排水沟的断面尺寸大于建筑四周设置的排水沟,见图 10.10,水沟的纵向排水坡度一般为 0.5%。排水沟较长时,水沟底会变深,池壁构造类似挡土墙才够牢固。可通过设置雨水井来缩短排水沟的长度和调节其深度,见图 10.11。

（3）台阶

当人行道坡度超过 15% 时,需做成台阶,每级台阶的高度为 120~150 mm,面宽为 300~380 mm,每级台阶面应有 1%~2% 的外倾坡度,以利于排水。

室外台阶常用的材料有现浇混凝土、石材、预制混凝土块、砖材、木材、型钢等。

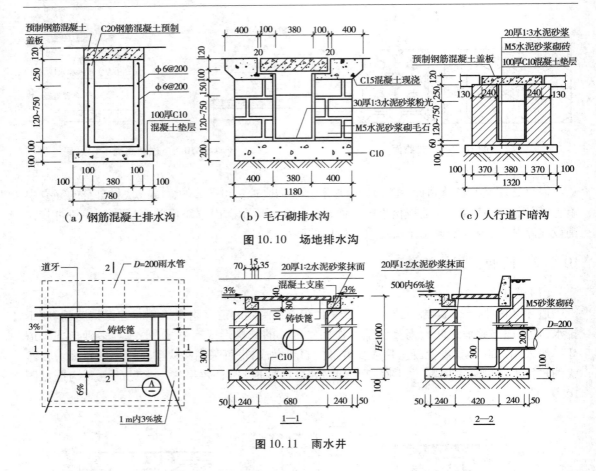

（a）钢筋混凝土排水沟　　　（b）毛石砌排水沟　　　（c）人行道下暗沟

图 10.10　场地排水沟

图 10.11　雨水井

10.2　景墙和围墙

建筑环境中的墙有景墙和围墙等形式,它们只承受自重,建造的材料以砖、石、混凝土、金属为主。景墙和围墙一般分为基础、墙体、顶饰和面饰等几部分。

10.2.1　基础

由于不承受其他荷载且自重较轻,围墙的基础断面较小,埋置于硬土或构筑物(如挡土墙)之上,见图 10.12。

10.2.2　墙体

为加强稳定性,墙体中间应间隔 2 400 ~ 3 600 mm 设置墙垛或柱,墙垛的平面尺寸应符合砖或砌块的模数。墙体的高度一般为 2 200 ~ 3 200 mm,厚度常为 120 mm、180 mm 和 240 mm 三种。砌筑墙体常使用烧结砖、小型空心砖块。使用实心烧结砖,可砌筑成实心墙、空斗墙、漏花墙等多种形式,见图 10.13;使用小型空心砌块时,应在墙垛处浇筑细石混凝土,并在孔洞中加设 4 φ 10 ~ φ 14 的钢筋。

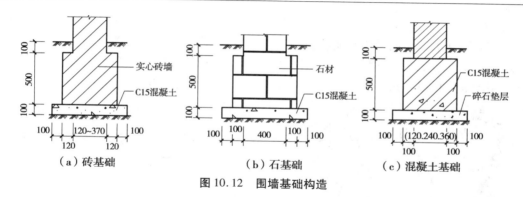

（a）砖基础　　　　　　（b）石基础　　　　　（c）混凝土基础

图 10.12　围墙基础构造

10.2.3　顶饰

顶饰指墙体的顶部装饰。顶饰的构造处理不仅考虑造型,还能保护墙体。

顶饰常采用抹灰工艺进行处理,或者以装饰砂浆、石子砂浆抹出各种装饰线脚,以及用瓦覆盖等。

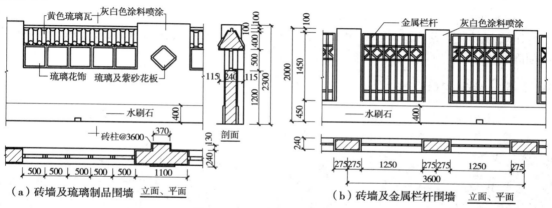

（a）砖墙及琉璃制品围墙　立面、平面　　　　（b）砖墙及金属栏杆围墙　立面、平面

图 10.13　围墙及墙垛设计实例

10.2.4　墙面饰

墙面饰指墙面的装饰,一般有勾缝、抹灰、贴面 3 种构造类型。

（1）勾缝

勾缝是指对砌体或饰面块材间的缝隙进行涂抹处理,常用的有麻丝砂浆、白水泥砂浆、细沙水泥浆等。勾缝的剖面形状有凸缝、平缝、凹缝、圆缝等类型（图 10.14）,勾缝的立面样式可做冰纹缝（一般做凹缝）、虎皮缝（一般做凸缝）、十字缝、十字错缝等多种形式（图 10.15）。

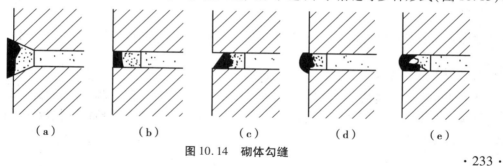

（a）　　　　（b）　　　　（c）　　　　（d）　　　　（e）

图 10.14　砌体勾缝

（2）抹灰

抹灰是指在墙体表面采用水泥混合砂浆、水泥砂浆或石子水泥砂浆,经过拉毛、搭毛、压毛、扯制浅脚、堆花,或采用喷砂、喷石、洗石、斩石、磨石等工艺处理,取得相应的材质效果。在抹灰层的表面可以喷涂各种涂料,以获得设计所需要的色彩效果。

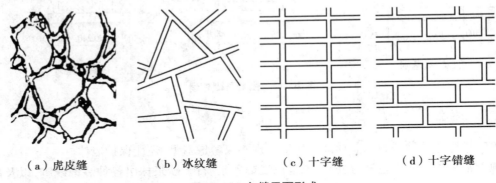

（a）虎皮缝   （b）冰纹缝   （c）十字缝   （d）十字错缝

图 10.15　勾缝平面形式

（3）贴面

围墙和景墙的贴面材料种类很多,如青砖、劈裂石、劈裂砖、花岗石、大理石板、琉璃砖及墙面雕塑块件等。

10.2.5　墙窗洞口

中国传统样式围墙上的什景窗外形丰富多彩。按其功能不同,可分为镶嵌窗（图10.16）、漏窗（图10.17）和夹樘窗（图10.18）3种形式。

图 10.16　镶嵌窗   图 10.17　漏窗   图 10.18　夹樘窗

10.3　挡土墙、护坡与驳岸、水池

地形有高差或坡度的地方,因建筑工程实施而被改造后,会设置挡土墙、护坡或驳岸。

10.3.1　挡土墙

挡土墙的主要功能是在较高地面与较低地面之间充当泥土阻挡物,以防止陡坡坍塌。其建造材料为砌体块材、混凝土与钢筋混凝土等,结构类型有重力式、悬臂式、扶垛式、桩板式和砌块式等,见图10.19。

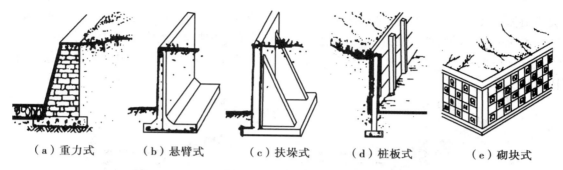

（a）重力式　　（b）悬臂式　　（c）扶垛式　　（d）桩板式　　（e）砌块式

图10.19　挡土墙类型

挡土墙应设泄水孔排水,孔的直径可为 20~40 mm,竖向每隔 1 500 mm 左右设一个,水平方向的间距为 2 000~3 500 mm。当墙面不允许设泄水孔时,则在墙身背面采用砂浆或贴面防水构造措施,并在墙脚设排水沟,见图10.20。挡土墙每隔 10~20 m 应设置伸缩缝,挡土墙的主体一般由结构工种设计。

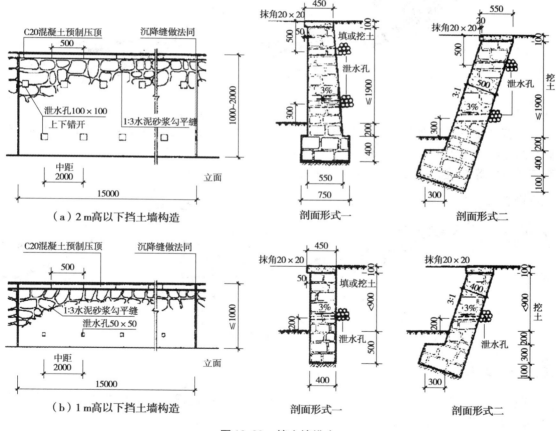

（a）2 m高以下挡土墙构造　　剖面形式一　　剖面形式二

（b）1 m高以下挡土墙构造　　剖面形式一　　剖面形式二

图10.20　挡土墙排水

10.3.2　护坡

护坡是指为防止边坡受冲刷或土层滑移,在坡面上所做的各种加固、铺砌和栽植的统称,大至山体护坡等,小至地貌处理。建筑场地一般仅涉及小型护坡,以及设于水岸的缓坡,或较高一侧所受荷载较大的缓坡处,如道路旁。常用做法有草皮护坡、灌木护坡、铺石护坡等。

草皮护坡适用于 1∶5 ~ 1∶20 的缓坡处,见图 10.21;灌木护坡适用于平缓坡度,见图 10.22。

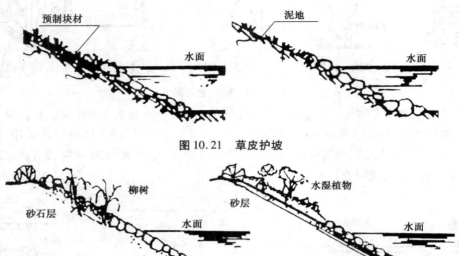

图 10.21　草皮护坡

图 10.22　灌木护坡

铺石护坡适用于地形坡度稍大处,或水岸坡岸较陡、风浪较大,或造景需要设置的地方。护坡的石料应为吸水率低、密度大和较强耐水抗冻性的石材,常用抛石、干砌片石、浆砌片石、石笼及梢捆等修筑。如图 10.23 所示为铺石护坡的几种构造做法。

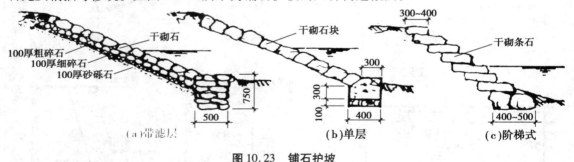

图 10.23　铺石护坡

10.3.3　驳岸

驳岸是防止水岸坍塌并保护其不受波浪冲刷损害的挡土设施。驳岸的构造一般分为基础、堰身和压顶 3 个部分,见图 10.24。

基础起承重作用,要求坚固稳定,常用浆砌毛石或 C10 ~ C20 的混凝土做成。

堰身是驳岸的主体部分,承受自身的垂直荷载、水压力与水冲刷力、身后土侧压力等。堰身的高度以水面的最高水位与水的浪高来确定。岸顶一般高出 250 ~ 1 000 mm,水面大、风浪大时可高出 500 ~ 1 000 mm。堰身用浆砌块石、现浇混凝土或现浇钢筋混凝土做成。

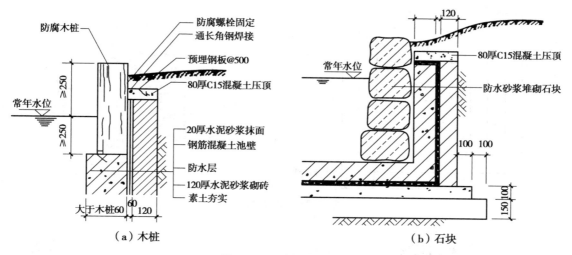

图 10.24　驳岸设计实例

压顶为驳岸的最上面部分,常用钢筋混凝土做成,以增强驳岸的整体稳定性。当岸上为平坦地时,应该设置防身栏杆或栏板,一般采用石材、金属型材、钢筋混凝土杆件组成。

驳岸应每隔 15 m 左右设置伸缩缝,缝宽为 15 ~ 25 mm,缝中填塞油膏或以二至三层的油毡隔开。

10.3.4　人工水池

人工水池包括游泳池、蓄水池、跌水池(图 10.25)、人工喷泉(图 10.26)等,按建筑材料不同可分为砖池、浆砌石池、混凝土池等,按形状特点可分为几何形或随意形水池。设计建造时应注意水的循环利用。

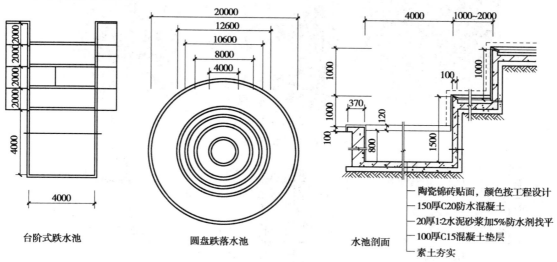

图 10.25　跌水池构造

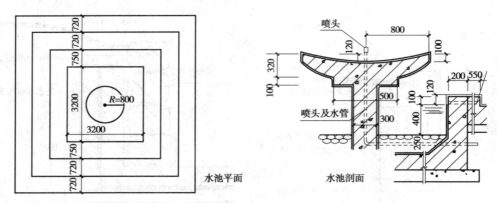

图 10.26 喷水池构造

10.4 其他构造

1)用于绿化种植的建筑小品

①花台:是高出地面的搁置盆栽花木的台子,一般高出周围地面 250 ~ 900 mm,见图 10.27(a)。

②花池:是养花和栽树用的经过围栏的区域,可以丰富绿地的层次和变化。池壁一般用砖石砌筑,其饰面材料多样,以耐候性能好的为主。小型花台应注意排水,以保护植物根系,见图 10.27(b)。花池构造做法见图 10.28。

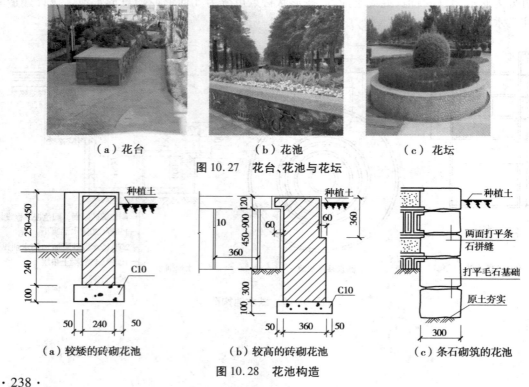

（a）花台　　　　　　（b）花池　　　　　　（c）花坛

图 10.27 花台、花池与花坛

（a）较矮的砖砌花池　　　（b）较高的砖砌花池　　　（c）条石砌筑的花池

图 10.28 花池构造

③花坛:是按照图案栽植观赏植物以表现花卉群体美的园林设施,可在几何形轮廓的植床内搭配种植各种不同色彩的花卉。其构造做法类同花池,见图10.27(c)。

2)假山

假山是人工堆砌和塑造的山体,所用材料主要为天然石材(如千层石、龟纹石、灵璧石、黄蜡石和太湖石等),或以人造假石(如轻质材料)砌筑(图10.29),用玻璃钢塑石、钢丝或钢板网抹灰(图10.30)及GRC(玻璃纤维增强水泥)等塑造(图10.31)。这些材料的共同点是中空质轻、塑形方便,而且有足够的强度和刚度。塑形时也会少量使用砖、加气混凝土等材料。假山按照施工工序塑造成形后,再用水泥砂浆等塑造出面层纹理,最后上色或喷涂石粉等完成造景。

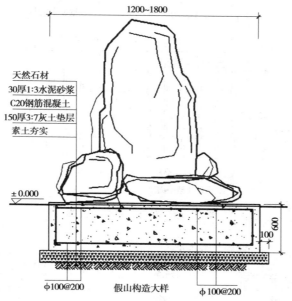

天然石材
30厚1:3水泥砂浆
C20钢筋混凝土
150厚3:7灰土垫层
素土夯实

图10.29 砌筑假山

图10.30 钢丝网抹灰塑形

图10.31 GRC塑石假山

3)花架

制作花架的材料主要有钢筋混凝土和防腐木,花架的形式有双排柱花架(图10.32)、片式花架(单排梁柱悬挑片板,见图10.33)、独立式花架(图10.34)等。其中,双排柱花架最常见,其构造做法见图10.35和图10.36。

图 10.32 双排柱花架

图 10.33 片式花架

图 10.34 独立式花架

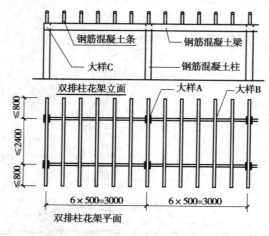

图 10.35 双排柱花架平立面

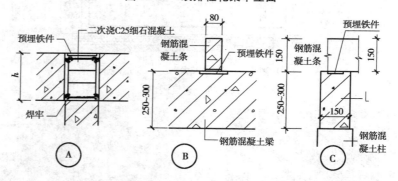

图 10.36 双排柱花架构造大样

复习思考题

1. 目前较好的路面和广场硬化材料有哪些？
2. 人行道与车行道在构造上有何不同？
3. 挡土墙、护坡与驳岸的差别有哪些？
4. 修建假山可以选择哪些材料？

参考文献

一、部分国家标准和行业标准

1.《民用建筑设计通则》(GB50352—2005)

2.《建筑地基基础设计规范》GB50007—2011

3.《建筑设计防火规范》GB50016—2014

4.《建筑内部装修设计防火规范》GB50222—95(2001 版)

5.《建筑地面设计规范》GB50037—96

6.《无障碍设计规范》GB50763—2012

7.《地下工程防水技术规范》GB50108—2008

8.《屋面工程技术规范》GB50345—2012

9.《玻璃幕墙工程技术规范》(JGJ102—2003)

10.《金属与石材幕墙工程技术规范》(JGJ133—2001)

11.《铝合金门窗工程技术规范》(JGJ214—2010)

12.《内隔墙建筑构造(2012 年合订本)》(J111114)

13.《国家建筑标准设计图集》(07J107)

14.《常用建筑构造》(J11—2)

15.《西南地区建筑标准设计图集》2011 年版

16.《建筑设计资料集》(第二版)

二、其他参考资料

[1] 樊振和.建筑构造原理与设计(第4 版)[M].天津:天津大学出版社,2011.

[2] 钱坤,王若竹,率肇.房屋建筑学(上:民用建筑)[M].北京:北京大学出版社,2009.

[3] 中国建设职业网.建筑构造与详图(作图)[M].2 版.北京:中国建筑工业出版社,2013.

［4］金虹.建筑构造［M］.北京:清华大学出版社,2005.

［5］金虹.房屋建筑学［M］.2 版.北京:科学出版社,2002.

［6］李必瑜.王雪松.房屋建筑学［M］.5 版.武汉:武汉理工大学出版社,2014.

［7］李必瑜,魏宏杨,覃琳.建筑构造(上册)［M］.5 版.北京:中国建筑工业出版社,2013.

［8］王万江,金少蓉,周振伦.房屋建筑学［M］.重庆:重庆大学出版社,2011.

［9］同济大学等.房屋建筑学［M］.4 版.北京:中国建筑工业出版社,2006.

［10］李必瑜.房屋建筑学［M］.武汉:武汉理工大学出版社,2005.

［11］钱坤,吴歌.房屋建筑学(下:工业建筑)［M］.北京:北京大学出版社,2009.

［12］聂洪达,郄恩田.房屋建筑学［M］.北京:北京大学出版社,2007.

［13］同济大学,等.房屋建筑学［M］.4 版.北京:中国建筑工业出版社,2005.

［14］袁雪峰.房屋建筑学［M］.北京:科学出版社,2007.

［15］赵研.房屋建筑学［M］.北京:高等教育出版社,2002.

［16］赵毅.房屋建筑学［M］.重庆:重庆大学出版社,2007.

［17］房志勇.房屋建筑构造学［M］.北京:中国建材工业出版社,2003.

［18］舒秋华.房屋建筑学［M］.武汉:武汉理工大学出版社,2003.

［19］张璋.民用建筑设计与构造［M］.北京:科学出版社,2002.

［20］徐哲文.住宅建筑设计［M］.北京:中国计划出版社,2007.

［21］赵冠谦.民用建筑设计通则.GB50352—2005.北京:中国建筑工业出版社,2005.

［22］黄双华.房屋结构设计［M］.重庆:重庆大学出版社,2001.

［23］徐忠辉.民用建筑工程建筑施工图设计深度图样 05J804.北京:中国建筑标准设计研究院发行,2005.

［24］陈登鳌.建筑设计资料集 1.北京:中国建筑工业出版社,2006.